装配式混凝土结构

主　编　王　欣　郑　娟　窦如忠

副主编　蒋业浩　傅乃强　张　闻

　　　　雍玉鲤　许　飞

参　编　王若君　赵延春

U0324513

北京理工大学出版社

BEIJING INSTITUTE OF TECHNOLOGY PRESS

内 容 提 要

　　本书依据装配式混凝土结构建筑的建造流程进行编写，主要内容包括装配式混凝土结构概述、装配式混凝土结构的材料及配件、装配式混凝土结构识图、预制混凝土构件的生产制作、装配式混凝土结构施工等。

　　本书可作为高等院校建筑工程技术、工程造价等土建类专业的教材，也可作为成人教育和职业技能培训的指导教材，对从事装配式建筑预制构件生产、施工管理和相关工程技术人员也具有一定的参考价值。

图书在版编目（CIP）数据

装配式混凝土结构／王欣，郑娟，窦如忠主编.--
北京：北京理工大学出版社，2021.8
ISBN 978-7-5763-0149-6

Ⅰ.①装… 　Ⅱ.①王… ②郑… ③窦… 　Ⅲ.①装配式
混凝土结构—教材 　Ⅳ.①TU37

中国版本图书馆CIP数据核字（2021）第164321号

出版发行／北京理工大学出版社有限责任公司
社　　　址／北京市海淀区中关村南大街5号
邮　　　编／100081
电　　　话／（010）68914775（总编室）
　　　　　　（010）82562903（教材售后服务热线）
　　　　　　（010）68944723（其他图书服务热线）
网　　　址／http://www.bitpress.com.cn
经　　　销／全国各地新华书店
印　　　刷／河北鑫彩博图印刷有限公司
开　　　本／787毫米×1092毫米　1/16
印　　　张／11.5　　　　　　　　　　　　　　　责任编辑／钟　博
字　　　数／249千字　　　　　　　　　　　　　文案编辑／钟　博
版　　　次／2021年8月第1版　2021年8月第1次印刷　责任校对／周瑞红
定　　　价／59.00元　　　　　　　　　　　　　责任印制／边心超

FOREWORD 前言

　　《装配式混凝土结构》是根据国务院发布的《国家职业教育改革实施方案》中提出的"课程内容与职业标准对接、教学过程与生产过程对接，培养适应生产、建设、服务和管理第一线工作的高素质技术技能型人才"要求，以学生为中心，以职业能力与职业素养培养为核心，遵循教学规律和认知规律，结合线上仿真教学和线下实践活动，运用移动互联等新媒体手段，参考装配式混凝土结构工程的新技术和新规范内容编写而成的。

　　装配式建筑按照工业生产方式改造建筑业，使之逐步从手工操作转化为工业化集成建造。装配式建筑的发展应用非常必要，从技术角度来看，它可以提高建造效率，减少传统建筑业无法避免的质量通病，使建筑业进入可质量回溯、可规模化控制的时代；从社会角度来看，工业化和现代化的生产方式可以打造更好的施工环境，改善一线施工人员的工作环境，缓解劳动力供不应求的矛盾；同时，建筑业的转型升级有助于加快城市化进程的步伐；低能耗、低污染的建筑业能实现可持续发展，达到人与自然的和谐共生。

　　本书在编写过程中，突出职业能力培养，紧密追踪行业发展，紧贴新行业标准、规范，依托典型岗位任务，全面介绍装配式建筑和装配式混凝土结构的概念、装配式混凝土结构的材料及配件、装配式混凝土结构施工图识读、预制构件加工制作、预制构件现场装配施工等知识和技能，并且融入这一领域内的新技术、新理论和新进展，具有很强的实用性和指导性。

　　为了使学生更加直观、形象地学习装配式混凝土结构课程，编者以"互联网＋教材"的模式设计本书，在知识拓展环节，以二维码的形式呈现了编写团队多年来积累和整理的文档、视频、动画、图片等学习资源，学生可以在课堂内外通过扫描二维码自主学习。二维码所链接资源也会根据行业发展情况不定期更新，力求使教材内容与行业发展结合得更为紧密。

　　本书可作为高等院校建筑工程技术、工程造价等土建类专业的教材，也可作为成人教育和职业技能培训的指导教材，对从事装配式建筑预制构件生产、施工管理和相关工程技术人员也具有一定的参考价值。

　　本书在编写过程中参考了有关专家学者的研究成果和文献资料，在此表示衷心的感谢。

　　由于编者水平有限，书中难免存在不足之处，敬请广大读者批评、指正。

编　者

CONTENTS 目录

CONTENTS

CONTENTS

C O N T E N T S

项目一　装配式混凝土结构概述

任务一　装配式混凝土结构概述

学习内容

　　(1)装配式建筑的概念；

　　(2)装配式建筑的分类；

　　(3)装配式混凝土结构定义；

　　(4)全装配式混凝土结构和装配整体式混凝土结构；

　　(5)装配整体式混凝土结构体系。

知识解读

一、装配式建筑的概念与分类

1. 装配式建筑的概念

　　装配式建筑是指将组成建筑的部分构件或全部构件在工厂内加工完成，然后运输到施工现场，将预制构件通过可靠的连接方式拼装就位而建成的建筑形式，简单地说就是"像造汽车一样建房子"。《装配式混凝土建筑技术标准》(GB/T 51231—2016)中将结构系统、外维护系统、设备与管线系统、内装系统的主要部分采用预制部品部件集成的建筑定义为装配式建筑。这种建筑的优点是建造速度快，受气候条件制约小，既可节约劳动力，又可提高建筑质量，是工业化建筑的重要组成部分。

　　2019年年底，一场突如其来的疫情给人类带来了巨大的灾难。在我国疫情最严峻的武汉，当时的医疗条件无法安置急剧增加的新冠病毒感染病人。因此，火神山医院、雷神山医院紧急筹备建立。2020年1月23日，火神山医院(图1-1)在武汉蔡甸职工疗养院开始建设，建筑面积达3.4万平方米，可容纳1 000张病床。7 000多名建设者经过十天十夜的艰苦奋战，于2020年2月2日交付投用，2月3日正式收治病人；雷神山医院(图1-2)在武汉南部江夏区军运村建设，可容纳1 500张床位和2 000名医务工作人员。2020年1月25日，武汉市城建局接到命令组建雷神山医院建设现场指挥部，1月26日设计总体方案完成，1月27日展开大规模施工，2月8日交付使用，当晚收治了首批患者。面对极限的工期、严苛的标准，为打赢抗疫攻坚战，这两座医院以令人惊叹的速度拔地而起，向世界展示了中国抗击疫情的力量和决心，展示了中国速度和中国效率。同时，也反映了装配式建筑建造速度快的优势。

图1-1　火神山医院　　　　　　　　　　图1-2　雷神山医院

　　2. 装配式建筑的分类

　　(1)按结构材料分类。装配式建筑按结构材料分类，可分为装配式钢筋混凝土结构建筑(图1-3)、装配式钢结构建筑(图1-4)、装配式木结构建筑(图1-5)、装配式组合结构建筑(钢结构、木结构、混凝土组合的装配式建筑)(图1-6)。

图1-3　装配式混凝土结构建筑　　　　　图1-4　装配式钢结构建筑

（2）按建筑高度分类。装配式建筑按建筑高度分类，可分为低层装配式建筑（1～3 层）、多层装配式建筑（3～9 层或 27 m 以下）、高层装配式建筑（10 层或 27 m 以上）和超高层装配式建筑（100 m 以上）。

（3）按结构体系分类。装配式建筑按结构体系分类，可分为剪力墙结构、框架结构、框架-剪力墙结构、简体结构、无梁板结构、空间薄壁结构、悬索结构、预制钢筋混凝土柱单层厂房结构等。

图 1-5 装配式木结构建筑　　　图 1-6 装配式组合结构建筑

二、装配式混凝土结构的定义

装配式混凝土结构是指由预制混凝土构件通过可靠的连接方式装配而成的混凝土结构。装配式混凝土结构根据预制构件连接方式的不同，可分为装配整体式混凝土结构和全装配式混凝土结构。

1. 装配整体式混凝土结构

装配整体式混凝土结构是指由预制混凝土构件通过可靠的连接方式进行连接，并与现场后浇混凝土、水泥基灌浆料形成整体的装配式混凝土结构，简称装配整体式结构。

2. 全装配式混凝土结构

全装配式混凝土结构是指混凝土构件全部预制，构件之间依靠干法连接（如螺栓连接、焊接等）形成整体的混凝土结构。一般国外部分低层建筑或抗震地区的多层建筑采用全装配式混凝土结构。

三、装配式混凝土结构建筑的特点

装配式混凝土结构建筑也称为 PC 建筑，PC 是英文 Precast Concrete 的缩写，译为预制混凝土。与传统现浇混凝土建筑相比，装配式混凝土建筑是将建筑各个部件进行划分预制，再进行现场装配。装配式混凝土结构具有以下特点。

1. 提升建筑质量

装配式混凝土结构建筑是对建筑体系和运作方式的变革，并不是单纯地将工艺从现浇变为预制，其有利于建筑质量的提升。

（1）设计质量的提升。装配式混凝土结构要求设计必须精细化、协同化，如果设计不精细，构件制作好了才发现问题，就会造成很大的损失。装配式混凝土结构建筑要求设计必须深入、细化和协同，由此会提高设计质量和建筑品质。

（2）预制构件生产质量的提升。预制混凝土构件在工厂模台上和精致的模具中生产，模具组对做到严丝合缝，混凝土不会漏浆；墙、柱等立式构件大都"躺着"浇筑，振捣方便，板式构件若在振捣台上振捣，效果更好；预制工厂一般采用蒸汽养护方式，养护的升温速度、恒温保持和降温速度均使用计算机控制，养护湿度也能够得到充分保证，大大提高了混凝土浇筑、振捣和养护环节的质量。现浇混凝土结构的施工误差往往以厘米计，而预制构件的误差以毫米计，误差过大则无法装配，预制构件的高精度会带动现场后浇混凝土部分精度的提高。同时，外饰面与结构和保温层在工厂一次性成型，经久耐用，抗渗防漏，保温隔热，降噪效果更好，质量更有保障。

（3）有利于质量管理。装配式建筑实行建筑、结构、装饰的集成化、一体化，会大量减少质量隐患，而工厂作业环境比工地现场更适合全面细致地进行质量检查和控制。从生产组织体系上，装配式将建筑业传统的层层竖向转包变为扁平化分包。层层转包最终将建筑质量的责任系于流动性非常强的农民工身上；而扁平化分包则将建筑质量的责任由专业化制造工厂（工厂有厂房、设备）分担，质量责任容易追溯。

2. 节省劳力，提高作业效率

装配式混凝土结构建筑节省劳动力主要取决于预制率大小、生产工艺自动化程度和连接节点设计。预制率高、自动化程度高和安装节点简单的工程，可节省50％的劳动力以上。但如果 PC 建筑预制率不高，生产工艺自动化程度不高，结构连接也比较麻烦或有较多的后浇区，节省劳动力就会比较困难。从总的趋势看，随着预制率的提高、构件的模数化和标准化提升，生产工艺自动化程度会越来越高，节省人工的比率也会越来越大，装配式建筑把很多现场作业转移到工厂进行，将高处或高空作业转移到平地进行，将风吹、日晒、雨淋的室外作业转移到车间里进行，使工作环境大为改善。

装配式结构建筑是一种集约生产方式，构件制作可以实现机械化、自动化和智能化，大幅度提高生产效率。欧洲生产叠合楼板的专业工厂年产 120 万平方米楼板，其生产线上只有 6 个工人。而若采用手工作业方式生产这么多的楼板大约需要近 200 个工人。工厂作业环境比现场优越，工厂化生产不受气候条件的制约，刮风、下雨不影响构件制作，同时，工厂调配平衡劳动力资源也比工地更为方便。

3. 节能减排环保

装配式混凝土结构建筑能有效地节约材料，减少模具材料消耗，材料利用率高，特别是减少木材消耗；预制构件表面光洁平整，可以取消找平层和抹灰层；工地不用满搭脚手架，减少脚手架材料消耗；装配式建筑精细化和集成化会降低各个环节，如围护、保温、装饰等环节的材料与能源消耗，集约化装饰会大量节约材料，材料的节约自然会降低能源消耗，减少碳排放量，并且工厂化生产更加容易实现废水、废料的控制和再生利用。

装配式建筑会大幅度减少工地建筑垃圾及混凝土现浇量，从而减少工地养护用水和冲洗混凝土罐车的污水排放量。预制工厂养护用水可以循环使用，节约用水。装配式建筑会减少工地浇筑混凝土振捣作业，减少模板和砌块与钢筋切割作业，减少现场支拆模板，由此会减轻施工噪声污染；装配式建筑的工地会减少粉尘。内外墙无须抹灰，会减少灰尘及落地灰等。

4. 缩短工期

装配式建筑缩短工期与预制率有关，预制率高，缩短工期就多一些；预制率低，现浇量大，缩短工期就少一些。北方地区利用冬季生产构件，可以大幅度缩短总工期。就整体工期而言，装配式建筑减少了现场湿作业，外墙围护结构与主体结构一体化完成，其他环节的施工也不必等主体结构完工后才进行，可以紧随主体结构的进度，当主体结构结束时，其他环节的施工也接近结束。对于精装修房屋，装配式建筑缩短工期更显著。

5. 发展初期成本偏高

目前，大部分装配式混凝土结构建筑的成本高于现浇混凝土结构。因此，许多建设单位不愿接受的最主要原因是成本高。装配式混凝土结构建筑必须有一定的建设规模才能降低建设成本，若一座城市或一个地区建设规模过小，厂房设备摊销成本过高，则很难维持运营。装配式初期工厂未形成规模化、均衡化生产；专用材料和配件因稀缺而价格高；设计、制作和安装环节人才匮乏导致错误、浪费和低效，这些因素都会增加成本。

6. 人才队伍的素质亟需提升

传统的建筑行业是劳动密集型产业，现场操作工人的技能和素质普遍低下。随着装配式建筑的发展，繁重的体力劳动将逐步减少，复杂的技能型操作工序大幅度增加，对操作工人的技术能力提出了更高的要求，急需有一定专业技能的农民工向高素质的新型产业工人转变。

四、装配整体式混凝土结构的分类

1. 装配整体式混凝土框架结构

装配整体式混凝土框架结构，即全部或部分框架梁、柱采用预制构件建造而成的装配整体式混凝土结构，简称装配整体式框架结构，如图1-7所示。

图1-7　装配整体式混凝土框架结构

2. 装配整体式混凝土剪力墙结构

装配整体式混凝土剪力墙结构是指由全部或部分剪力墙采用预制剪力墙板建成的装配整体式混凝土结构，简称装配整体式剪力墙结构，如图1-8所示。

图1-8 装配整体式混凝土剪力墙结构

3. 装配整体式混凝土框架-剪力墙结构

装配整体式混凝土框架-剪力墙结构是由装配整体式框架结构和现浇剪力墙（现浇核心筒）两部分组成。其适用于高层装配式建筑，如图1-9所示。

这种结构形式中的框架部分采用与预制装配整体式框架结构相同的预制装配技术，使预制装配框架技术在高层及超高层建筑中得以应用。鉴于对该种结构形式的整体受力研究不够充分，目前，装配整体式混凝土框架-剪力墙结构中的剪力墙只能采用现浇。

图1-9 装配整体式混凝土框架-剪力墙结构住宅(上海城业翡翠公园)

4. 装配整体式混凝土筒体结构

装配整体式混凝土筒体结构是由竖向筒体为主组成的承受竖向和水平作用的建筑结构，如图1-10所示。装配整体式混凝土筒体结构的筒体可分为剪力墙围成的薄壁筒和由密柱框架或壁式框架围成的框筒等。

装配整体式混凝土筒体结构还包括框架筒体结构和筒中筒结构等。框架筒体结构为由核心筒与外围稀柱框架组成的筒体结构。筒中筒结构是由核心筒与外围框筒组成的筒体结构。

图 1-10　装配整体式混凝土筒体结构(东京港区虎之门大厦)

任务二　装配式建筑发展概况

>>> **学习内容**

(1)国外装配式建筑发展概况;
(2)我国装配式建筑发展概况;
(3)我国装配式建筑发展前景。

>>> **知识解读**

一、国外装配式建筑发展概况

预制装配式混凝土施工技术最早起源于英国。1875年,首项装配式技术专利在英国提出,由于装配式建筑技术采用的是工业化生产模式,所以,受到现代工业社会的青睐。此后,由于第二次世界大战的影响,加速了装配式住宅的应用,促使英国形成了一批完整的、标准的、系列化的住宅体系,并在标准设计的基础上产生了大量工法。1955年,日本开始采用装配式建筑技术,2000年后大力推广和应用装配式住宅。后引入德国。目前,德国装配式住宅与建筑采用双层叠合板式剪力墙体系、框架结构体系、预应力空心楼板等结构体系,在混凝土墙体中,双层叠合板式剪力墙占比70%左右,是一种抗震性能非常好的结构体系,在工业建筑和公共建筑中用混凝土楼板中,主要采用叠合板和叠合空心板体系。

二、我国装配式建筑发展概况

我国建筑工业化模式应用始于20世纪50年代,在全国建筑生产企业推行标准化、工厂化和机械化,发展预制构件和预制装配建筑,随着工业化模式的发展,到20世纪90年代后期，建筑工业化迈向了新的阶段，国家相继出台了诸多重要的法规政策，推动了建筑领域生产方式的转变，一大批施工工法、质量验收体系陆续在工程中得到实践应用，装配式建筑的施工技术越来越成熟。

基于目前装配式建筑发展的形势，中建科技集团结合装配式混凝土特点和 EPC 工程总承包管理的要求提出了适应装配式建筑发展的"三个一体化"的理念，即满足系统性装配要求的建筑、结构、机电、装修一体化；满足工业化生产要求的设计、加工、装配一体化；满足装配式建筑发展要求的技术、市场、管理一体化。

装配式混凝土建筑的建造方式符合国内建筑业的发展趋势，随着建筑工业化和产业化进程的推进，装配施工工艺越来越成熟，但是，装配式混凝土建筑还应进一步提高生产技术、施工工艺、吊装技术、施工集成管理等，形成装配式混凝土建筑的成套技术措施和工艺，为装配式建筑技术的发展提供可靠的支撑保障。装配式混凝土建筑在设计、构件拆分、BIM 技术应用等方面还存在标准、规范的不完善或技术实践空白等问题，还需要进一步加大产学研的合作，促进装配式建筑的发展。

建筑业将逐步以现代化技术和管理替代传统的劳动密集型的生产方式，必将走新型工业化道路，在此过程中，必将带来工程设计、施工方法、管理验收等方面的改变。建筑产业现代化将解决建筑工程各方面的有效措施，是实现建设过程中建筑设计、部品生产、施工建造、维护管理之间的相互协同的有效途径，也是降低当前建筑业劳动力成本、改善作业环境的有效手段。

三、我国装配式建筑发展前景

1. 装配式建筑预制构件设计的标准化和节能环保

结构构件是装配式建筑最为重要的组成部分。构件装配主要是用于高层、多层结构的施工，初始时并不需要对所有构件都实行装配，可以优先进行外墙保温墙板的预制，将外墙装饰层、保温层、结构层合三为一，这样制成的预制板不但能够明显加快工程施工，而且又避免了墙体外脚手架的搭设、外墙保温层的铺设，既消除了施工中的安全隐患，又确保了工程施工质量。结构的内承重墙仍可考虑现场浇筑，楼板采用预制楼板或叠合楼板，取消楼板支模的施工；对于隔墙、楼梯、阳台等，可以使用工厂预制构件，以避免抹灰作业。采用以上措施后施工现场现浇混凝土工程量仍很大，但由于商品混凝土站的增多及泵送混凝土技术的发展，已经可以实现混凝土浇筑机械化作业。对于 6 层以下的多层住宅，可以结合标准住宅设计而采用全装配结构；对于钢结构及框架结构，可以采用永久性模板和叠合楼板充当建筑物的楼板。

2. 减少装配式建筑现场湿作业

在装配式建筑发展过程中，应当逐渐减少抹灰、砌筑等湿作业，尽可能采用构配件工程预制、施工现场组装的办法，如可以采用两面不抹灰的轻制隔墙板来充当隔断墙。在墙体砌筑时，应当推广采用规格统一、不需要抹灰即可砌筑的砌块，还可适当加大砌块的尺寸；对于建筑结构中所采用的预制混凝土构件或现场浇筑的混凝土构件，应考虑采用清水混凝土，取消抹灰作业。

3. 国家相关政策激励引导

近几年，国家提出了建筑业发展的相关政策，鼓励装配式建筑的可持续发展，还特别设置了专项产业化技术指标和技术体系，为大量、快速的住宅建设提供切实有效的保障，从根本上全面推进绿色建筑行动。在国家大力提倡节能减排的政策下，随着相关政策标准的不断完善，我国建筑业正向着绿色建筑和建筑产业现代化发展转型，作为建筑产业化重要载体的装配式建筑将进入新的发展时期。

综上所述，随着城市建设节能减排、可持续发展等环保政策的提出，装配式建筑施工已成为建筑产业化的发展趋势。装配式建筑施工实现了预制构件设计标准化、生产工厂化、运输物流化及安装专业化，提高了施工生产效率，减少了施工废弃物的产生。因此，装配式建筑具有广阔的发展前景。

任务三　装配式混凝土结构常用预制构件

》》学习内容

(1)预制混凝土框架柱；

(2)预制混凝土叠合梁；

(3)预制剪力墙外墙板和内墙板；

(4)预制桁架钢筋混凝土叠合楼板和预制带肋底板混凝土叠合楼板；

(5)预制混凝土楼梯板；

(6)预制混凝土阳台板、预制混凝土空调板、预制混凝土女儿墙；

(7)PC 外围护墙板；

(8)预制内隔墙板。

》》知识解读

预制混凝土构件是指在工厂或施工现场预先制作的混凝土构件，简称预制构件。预制构件可分为预制混凝土结构受力构件、预制混凝土结构围护构件两种。

一、预制混凝土（受力）构件

装配式混凝土结构常用的预制构件有预制混凝土框架柱、预制混凝土叠合梁、预制混凝土剪力墙外墙板、预制混凝土剪力墙内墙板、预制混凝土钢筋桁架叠合楼板、预制带肋底板混凝土叠合楼板、预制混凝土楼梯板、预制混凝土阳台板、预制混凝土空调板、预制混凝土女儿墙等。这些主要的受力构件通常在工厂预制加工完成，待强度符合规定要求后，再进行现场装配施工。

1. 预制混凝土框架柱

预制混凝土框架柱(图1-11)是建筑物的主要竖向结构受力构件，一般采用矩形截面。

预制混凝土框架柱与底部坐浆料之间结合面应设置粗糙面和键槽。对于边柱，为了避免支模困难，可以将节点区的边模一起预制。为了减少预制框架柱的连接工作量，可以将两层柱一起预制，形成类似于莲藕形的预制框架柱。

图 1-11　预制混凝土框架柱

(a)预制混凝土框架柱堆场；(b)预制混凝土框架柱安装；(c)柱节点区边模预制；(d)两层柱一起预制(莲藕柱)

2. 预制混凝土叠合梁

预制混凝土叠合梁是预制混凝土梁顶部在施工现场后浇混凝土而形成的整体受力水平结构受力构件(图 1-12)。预制混凝土叠合梁是由预制混凝土底梁和后浇混凝土叠合层组成的。其中，底梁在工厂预制，叠合层在施工现场后浇筑混凝土。

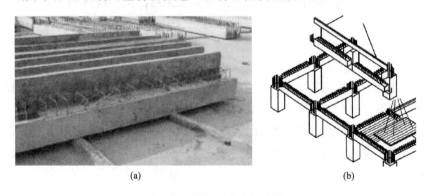

图 1-12　预制混凝土叠合梁

(a)预制混凝土底梁；(b)预制混凝土底梁吊装

3. 预制混凝土剪力墙墙板

（1）预制混凝土剪力墙外墙板。预制混凝土剪力墙外墙板（图 1-13）是指在工厂预制成的，内叶板为预制混凝土剪力墙、中间夹有保温层、外叶板为钢筋混凝土保护层的预制混凝土夹心保温剪力墙墙板。内叶板侧面在施工现场通过预留钢筋与现浇剪力墙边缘构件连接，底部通过钢筋灌浆套筒与下层预制剪力墙预留钢筋相连。

(a)　　　　　　　　　　　　　　　　(b)

图 1-13　预制混凝土外剪力墙板

(a)预制混凝土外剪力墙板制作；(b)预制混凝土外剪力墙板安装

（2）预制混凝土剪力墙内墙板。预制混凝土剪力墙内墙板（图 1-14）是指在工厂预制成的混凝土剪力墙构件。预制混凝土剪力墙内墙板侧面在施工现场通过预留钢筋与现浇剪力墙边缘构件连接，底部通过钢筋灌浆套筒与下层预制剪力墙预留钢筋相连。

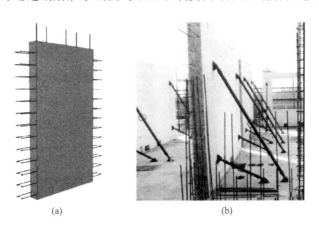

(a)　　　　　　　　　　　(b)

图 1-14　预制混凝土内剪力墙板

(a)预制混凝土内剪力墙板制作；(b)预制混凝土外剪力墙板安装

4. 预制混凝土叠合楼板

预制混凝土叠合楼板最常见的主要有两种，一种是预制桁架钢筋混凝土叠合楼板；另一种是预制带肋底板混凝土叠合楼板。

（1）预制桁架钢筋混凝土叠合楼板（图 1-15）。预制桁架钢筋混凝土叠合楼板属于半预制构件，下部为预制混凝土底板，上部为后浇混凝土叠合层。预制混凝土叠合板的预制部分最小厚度为 6 cm，叠合楼板在工地安装到位后应进行二次浇筑，叠合层的厚度有 7 cm、8 cm、9 cm 等，预制底板和后浇叠合层共同作用整体受力，外露部分为桁架钢筋。其中，桁架钢筋的主要作用如下：

　　1)桁架钢筋可以作为叠合板生产和安装阶段的起吊点；

　　2)在制作和安装过程中提高楼板的刚度；

　　3)伸出预制混凝土底板的桁架钢筋和混凝土粗糙面保证了叠合楼板预制部分与后浇部分有效地结合成整体。

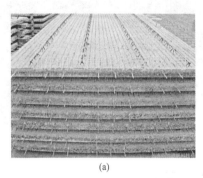

(a)   (b)

图 1-15　预制桁架钢筋混凝土叠合楼板

(a)预制桁架钢筋混凝土叠合楼板制作；(b)预制桁架钢筋混凝土叠合楼板安装

　　(2)预制带肋底板混凝土叠合楼板(图 1-16)。预制带肋底板混凝土叠合楼板一般为预应力带肋混凝土叠合楼板(简称 PK 板)。PK 板由预制带肋底板、纵向预应力钢筋、横向穿孔钢筋、后浇层组成。

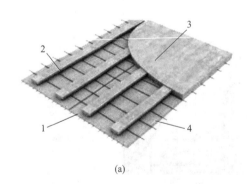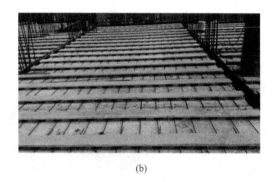

(a)   (b)

图 1-16　预制带肋底板混凝土叠合楼板

(a)预制带肋底板混凝土叠合楼板制作；(b)预制带肋底板混凝土叠合楼板安装

1—纵向预应力钢筋；2—横向穿孔钢筋；3—后浇层；4—PK 叠合板的预制带肋底板

　　预制带肋底板混凝土叠合楼板具有以下优点：

　　1)厚度最薄：预制底板 3 cm 厚，是国际上最薄、最轻的叠合板之一，自重约为 1.1 kN/m²。

　　2)用钢量最省：由于采用1860级高强度预应力钢丝，比其他叠合板用钢量节省60%。

　　3)承载能力最强：破坏性试验承载力可高达 1 100 kN/m²。

4)抗裂性能好：由于采用了预应力，极大提高了混凝土的抗裂性能。

5)新老混凝土接合好：由于采用了 T 形肋，新老混凝土互相咬合，新混凝土流到孔中形成销栓作用。

5. 预制混凝土楼梯板

预制混凝土楼梯板(图 1-17)受力明确，外形美观，避免了现场支模，安装后可作为施工通道，节约了施工工期。

(a)   (b)

图 1-17　预制混凝土楼梯板

(a)预制混凝土楼梯板制作；(b)预制混凝土楼梯板安装

6. 预制混凝土阳台板、预制混凝土空调板、预制混凝土女儿墙

(1)预制混凝土阳台板(图 1-18)。预制混凝土阳台板能够克服现浇阳台支模复杂，现场高空作业费时、费力及高空作业时的施工安全问题。

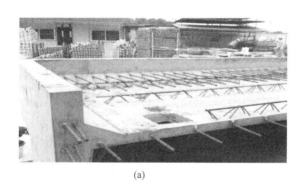 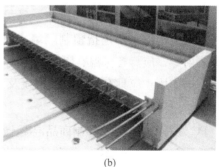

(a)   (b)

图 1-18　预制混凝土阳台板

(a)叠合板式阳台；(b)全预制阳台

(2)预制混凝土空调板(图 1-19)。预制混凝土空调板通常采用预制实心混凝土板，板顶预留钢筋通常与预制叠合板的现浇层相连。

(c)　　　　　　　　　　　　　　　　　(d)

图1-19　预制混凝土空调板

(a)预制混凝土空调板制作；(b)预制混凝土空调板安装

（3）预制混凝土女儿墙(图1-20)。预制混凝土女儿墙设置于屋顶处外墙的延伸部位，通常有立面造型，采用预制混凝土女儿墙的优势是免支模、安装快速、节省工期。

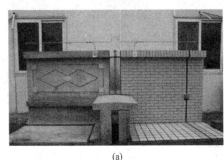

(a)　　　　　　　　　　　　　　　　(b)

图1-20　预制混凝土女儿墙

(a)预制混凝土女儿墙制作；(b)预制混凝土女儿墙安装

二、常用预制混凝土非承重构件

非承重构件主要是指预制隔墙。预制外隔墙起围护作用，用来抵御风雨、温度变化、太阳辐射等，应具有保温、隔热、隔声、防水、防潮、耐火等性能。预制内隔墙起分隔室内空间的作用，应具有隔声、隔视线及某些特殊要求的性能。

1.PC外围护墙板

PC外围护墙板是指预制商品混凝土外墙构件，安装在主体结构上，起围护、装饰作用的非承重预制混凝土外墙板，简称外挂墙板。其包括预制混凝土夹心保温外墙板和预制混凝土非保温外墙板等。外围护墙板除应具有隔声与防火的功能外，还应具有隔热、保温、抗渗、抗冻融、防碳化等作用和满足建筑艺术装饰的要求。外围护墙板预制混凝土外墙板可采用轻骨料单一材料制成，也可采用复合材料(结构层、保温隔热层和饰面层)制成。

PC外围护墙板采用工厂化生产，现场进行安装的施工方法，具有施工周期短、质量可靠(对防止裂缝、渗漏等质量通病十分有效)、节能环保(耗材少，减少扬尘和噪声等)、工业化程度高及劳动力投入量少等优点，在国内外的住宅建筑上得到了广泛运用。

PC外围护墙板在生产中使用了高精密度的钢模板，模板的一次性摊销成本较高，如果施工建筑物外形变化不大，且外墙板生产数量大，模具通过多次循环使用后成本可以下降。

(1)预制混凝土夹心保温外墙板(图1-21)。预制混凝土夹心保温外墙板是集承重、围护、保温、防水、防火等功能于一体的重要装配式预制构件。其由内叶墙板、保温材料、外叶墙板三部分组成。

预制混凝土夹心保温外墙板宜采用平模工艺生产。生产时，一般先浇筑外叶墙板混凝土层，再安装保温材料和拉结件，最后浇筑内叶墙板混凝土，这样可以使保温材料与结构同寿命。当采用立模工艺生产时，应同步浇筑内、外叶墙板混凝土层，并应采取保证保温材料及拉结件位置准确的措施。

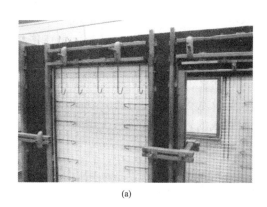
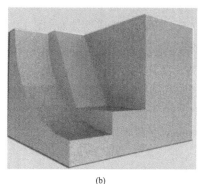

(a)   (b)

图1-21　预制混凝土夹心保温外墙板

(a)预制混凝土夹心保温外墙板制作；(b)预制混凝土夹心保温外墙板构造

(2)预制混凝土非保温外墙板(图1-22)。预制混凝土非保温外墙板是在预制车间加工并运输到施工现场吊装的钢筋混凝土外墙板，在板底设置预埋铁件，通过与楼板上的预埋螺栓连接达到底部固定，再通过连接件达到顶部与楼板的固定。其在工厂采用工业化生产，具有施工速度快、质量好、维修费用低的特点。

预制混凝土非保温外墙板可充分体现大型公共建筑外墙独特的表现力。预制混凝土非保温外墙板必须具有防火、耐久性等基本性能，同时，还要求造型美观、施工简便、环保节能等。

图1-22　预制混凝土非保温外墙板

2. 预制内隔墙板

装配式内隔墙板是指高宽比不小于 2.5，采用轻质材料制作，用于自承重内隔墙的非空心条板（以下简称内隔墙板）。装配式内隔墙板墙体系统是由内隔墙板、黏结材料、定位钢卡、调整板、嵌缝材料、防裂增强材料及石膏腻子构成的。

（1）按内隔墙板成型方式分类。内隔墙板按成型方式可分为挤压成型墙板和立模（平模）浇筑成型墙板、蒸压成型墙板。

1）挤压成型墙板（图 1-23），是在预制工厂将搅拌均匀的轻质材料料浆，使用挤压成型机通过模板（模腔）成型的墙板。按断面不同，其可分为空心板和实心板两类。在保证墙板承载和抗剪的前提下，将墙体断面做成空心，可以有效降低墙体的质量，并通过墙体空心处空气的特性提高隔断房间内的保温、隔声效果。

2）立模（平模）浇筑成型墙板（图 1-24），也称预制混凝土整体内墙板，是在预制车间按照所需的样式使用钢模具拼接成型、浇筑或摊铺混凝土制成的墙板。

3）蒸压成型墙板（图 1-25），是在原成组立模工艺基础上改进而生产出来的一种轻质墙板。以轻质高强陶粒、陶砂、水泥、砂、加气剂及水等配制的轻骨料混凝土为基料，内置钢筋骨架，经浇筑成型、养护（蒸养、蒸压）而制成的轻质条型墙板。用于工业与民用建筑工程中的非承重隔墙。

图 1-23　挤压成型墙板　　　图 1-24　立模（平模）浇筑成型墙板

图 1-25　蒸压成型墙板

(2)按内隔墙板材料类型分类。预制内隔墙板按材料类型可分为陶粒混凝土内隔墙板、蒸压加气混凝土内隔墙板、增强型发泡水泥无机复合内隔墙板、硅酸钙板夹芯复合内隔墙板等。

1)陶粒混凝土内隔墙板(图 1-26)。陶粒混凝土内隔墙板是以普通硅酸盐水泥为胶结料、陶粒、工业灰渣等轻质材料为骨料，加水搅拌成浆料，其内配置钢筋网片形成的条形板材。

陶粒混凝土内隔墙板为国家环保总局认证的绿色环保建材，传热系数≤0.22，具有良好的隔热保温功能；墙板不会出现板材因吸潮而松化、返卤、变形、强度下降等现象，可用于厨房、卫生间、地下室等潮湿区域；内部组成材料及其板与板之间的凹凸槽连接都具有良好的吸声和隔声功能，200 mm 厚系统可达到 55 dB，优于传统砌体工程 200 mm 厚墙体；其板与板拼接成整体，经测试抗冲击性能是一般砌体的 1.5 倍；用钢结构方法固定，墙体强固高，可作层高、跨度大的间隔墙体；整体抗震性能高于普通砌筑墙体数的 10 倍，能满足抗震强度 8 级以上建筑要求，且良好高强度及整体性能，即使在大跨度、斜墙等特殊要求部位中应用，可以直接打钉或膨胀螺栓进行吊挂重物，如空调机、吊柜等，单点吊挂力在 1 000 N 以上。可根据设计要求，分别用分户隔墙、分室隔墙、走廊隔墙、卫生间隔墙、厨房隔墙和楼梯间隔墙。

2)蒸压加气混凝土内隔墙板(图 1-27)。蒸压加气混凝土内隔墙板是以水泥、石灰、硅砂等为主要原料，更具结构要求配置添加经防锈处理的钢筋网片或钢筋网架，为轻质多孔新型的绿色环保建筑材料。

图 1-26　陶粒混凝土内隔墙板

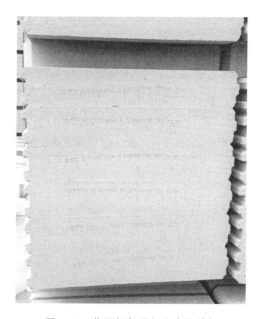

图 1-27　蒸压加气混凝土内隔墙板

蒸压加气混凝土内隔墙板密度轻，强度高，立方体抗压强度≥4 MPa，单点吊挂力≥1 200 N；保温隔热性好，不仅可以用于保温要求高的寒冷地区，也可以用于隔热要求高的夏热冬暖地区或夏热冬暖地区，满足节能标准的要求；隔声性能好，由大量均匀的、互不连通的微小气孔组成的多孔材料，具有很好的隔声性能，100 mm 厚的蒸压加气混凝土板平均隔声量为 40.8 dB；耐火、耐久性能好；抗冻、抗渗水性能好；软化系数高。可根据设计要求，分别用于分户隔墙、分室隔墙，走廊隔墙、楼梯间隔墙、厨房隔墙等。

3）增强型发泡水泥无机复合内隔墙板。增强型发泡水泥无机复合内隔墙板采用约束发泡工艺，以抗裂砂浆和增强网组成的增强面层与芯层材料通过自挤压发泡复合而成的墙板材料，其中，芯层材料是以普通硅酸盐水泥、粉煤灰、复合发泡剂、抗裂纤维等为主要用料，通过化学发泡形成的泡沫混凝土隔墙板。

4）硅酸钙板夹芯复合型内隔墙板。硅酸钙板夹芯复合型内隔墙板采用纤维水泥平板或纤维增强硅酸钙板等作为面板与夹芯层材料复合制成。板内芯材为聚苯颗粒和水泥，面板一般采用纤维水泥平板、纤维增强硅酸钙板、玻镁平板、石膏平板等。

硅酸钙板夹芯复合型内隔墙板具有质量轻、防火、保温、隔声性能好、防冻、增加使用面积、寿命长；加工性能好，可锯、刨、钻、粘、接，减少湿作业、施工快、无须抹灰，可直接装饰，可组装成单层、双层内隔墙，可根据设计要求，分别用于分户隔墙、分室隔墙、走廊隔墙和楼梯间隔墙等特点。

任务四　　装配式建筑新型产业人员

>>> **学习内容**

建筑施工产生的新岗位和相关要求。

>>> **知识解读**

随着装配式建筑在设计、制作、施工等阶段对相关人员在技术、管理等方面要求的变化，装配式建筑从业岗位萌生出了新的技术、管理岗位，见表 1-1。

表 1-1　装配式建筑施工产生的新岗位和相关要求

从业范围	新岗位	岗位要求	工作内容
设计和深化设计	BIM 设计师	熟练掌握 BIM 相关设计与模拟软件应用	搭建 BIM 建筑信息模型工作，独立完成各专业的 BIM 建模工作。根据项目需求进行管线综合、施工、模拟、性能分析、可视化设计等 BIM 技术基础应用；总结归纳完成的 BIM 工作情况，不断完善 BIM 标准、族库等数据资料
	产品研发设计师	熟练掌握预制装配体系及建筑规范标准	从事预制装配式（PC）体系，工业化装配建筑设计、新体系研发、新信息收集等工作
	PC 深化设计师	掌握装配式 PC 工艺拆分	对建筑施工图进行 PC 二次深化设计、分解；对建筑施工图提出合理化意见

从业范围	新岗位	岗位要求	工作内容
预制构件制作	PC 放样员	掌握 PC 生产工艺	对照 PC 图出材料放样图、下料清单
	模具设计师	熟悉建筑规范 掌握 PC 生产工艺	对 PC 构件的技术参数设计工厂生产模具
	质量管理员	掌握 PC 生产工艺、熟悉质量验收规范、标准	检查确认 PC 构件的原材料，产品质量是否符合规定要求；检查监督操作人员是否按照规定要求操作并及时填写相关记录
	计划员	熟悉生产工艺，掌握生产计划的编制方法	编制 PC 构件生产计划；跟踪实际施工进度，对 PC 构件的生产计划进行动态调整
现场安装施工	施工方案设计师	掌握传统施工方案编制要求，熟悉装配式施工工艺、工法和施工验收标准、规范	编制装配式施工方案，研究新的工艺、装配式施工工法
	吊装施工员	熟练传统施工设计工艺、标准和规程；掌握装配式施工工艺、工法	负责项目吊装现场管理，进行相关施工技术指导；与相关人员进行协调沟通，保障吊装进度，负责相关的技术及质量把关
	灌浆施工员	掌握预制构件钢筋连接方法	负责项目现场构件钢筋套筒灌浆管理，负责相关的技术及质量把关

装配式建筑的变革可以总结为五大变革，即制作方式由"手工"变为"机械"；场地由"工地"变为"工厂"；做法由"施工"变为"总装"；工厂生产人员由"技术工人"变为"操作工人"；现场作业人员由"农民工"变为"产业工人"。装配式建筑施工最大限度消除了人为因素的制约。

根据最新的《住房城乡建设行业职业工种目录》，装配式混凝土建筑施工过程中主要的工种有钢筋工、架子工、混凝土工、模板工(混凝土模板工)、安装起重工(起重工、起重装卸机械操作工)、起重信号工(起重信号司索工)、防水工、测量放线工(测量工、工程测量员)、套筒灌浆工等。

>> 知识拓展

扫描二维码，自主学习 1+X 装配式建筑构件制作与安装职业技能等级标准。

一、判断题

1. 装配式混凝土结构是指由预制混凝土构件通过可靠的方式进行连接并与现场后浇混凝土、水泥基灌浆料形成整体的装配式混凝土结构。（　　）

2. 装配式框架结构是指全部或部分框架梁、柱采用预制构件构建成的装配式混凝土结构。（　　）

3. 预制混凝土叠合楼板最常见的有两种，一种是预制混凝土钢筋桁架叠合板；另一种是预制带肋底板混凝土叠合楼板。（　　）

4. 装配式混凝土建筑的设计应包括前期技术策划、方案设计、初步设计、施工图设计、构件深化(加工)图设计、室内装修设计等相关内容。（　　）

二、简答题

1. 什么是装配式建筑？

2. 什么是装配式混凝土结构？

3. 简述装配式混凝土结构常用预制构件。

项目二　装配式混凝土结构的材料及配件

学习目标

　　装配式混凝土结构的主要材料包括混凝土、钢筋、钢材、连接材料、其他材料等。通过学习，掌握混凝土的概念、混凝土的制作要求及存放要求；掌握混凝土制备前的主要工作及搅拌要求；掌握钢筋与型钢的种类、钢筋的加工制作要求、钢筋连接接头形式和钢筋安装要求；掌握常用保温材料的性能和保温拉结件的布置要求；熟悉预制构件中的主要预埋件的种类。

任务一　混凝土、钢筋和型钢

学习内容

　　(1)混凝土原材料及存放要求；

　　(2)混凝土制备的主要机具、作业条件和搅拌要求；

　　(3)钢筋种类、钢筋加工流程；

　　(4)钢筋安装准备工作、钢筋入模要求；

　　(5)型钢的种类和基本概念。

知识解读

一、混凝土

　　混凝土是指用水泥作胶凝材料、砂石作骨料、水、外加剂和掺合料按一定比例配合、拌和，经一定时间硬化而成的人造石材。其广泛应用于土木工程，在装配式混凝土结构中主要用于制作预制混凝土构件[如预制混凝土叠合楼板(图 2-1)]和现场非预制构件的浇筑、叠合梁板的叠合层的后浇及预制构件之间接缝的后浇等(图 2-2)。

　　在装配式混凝土结构中，混凝土的各项力学性能指标和结构耐久性要求等应符合现行国家标准《混凝土结构设计规范(2015 年版)》(GB 50010—2010)的规定。预制构件的混凝土强度等级不宜低于C30；预应力混凝土预制构件的混凝土强度等级不宜低于C40，且不应低于 C30；现浇混凝土的强度等级不应低于 C25。

图 2-1　预制混凝土叠合楼板制作

图 2-2　施工现场混凝土浇筑

1. 原材料及存放要求

（1）原材料。水泥宜采用不低于 42.5 级硅酸盐水泥、普通硅酸盐水泥，砂宜选用细度模数为 2.3～3.0 的中粗砂，石子宜选用 5～25 mm 碎石，质量应符合《普通混凝土用砂、石质量及检验方法标准》(JGJ 52—2006)的规定，不得使用海砂。

1）水泥。水泥进场时必须有出场合格证和试验报告单，并对品种、级别、包装或散装仓号、出厂日期等进行检查，并对其强度、安定性及其他必要的性能指标进行复验，其质量必须符合现行国家标准《通用硅酸盐水泥》(GB 175—2007)的规定。钢筋混凝土结构及预应力混凝土结构严禁使用含氯化物的水泥。

2）砂。混凝土用砂一般以中砂、粗砂为宜，砂必须符合有害杂质最大含量低于国家标准规定的要求，砂中有害杂质如云母、黑云母、淤泥和黏土、硫化物、硫酸盐、有机物等的含量会直接影响混凝土的质量。有害杂质会对混凝土的强度、抗冻性、抗渗性等方面产生不良影响，或者腐蚀钢筋，从而影响混凝土结构的耐久性。

3）石子。混凝土中所用石子应尽可能采用碎石，碎石由人工破碎，表面粗糙，孔隙率和总表面积较大，故所需要的水泥浆较多，与水泥浆的黏结力强，因此，碎石混凝土强度较高。

（2）混凝土原材料的存放。混凝土原材料应按品种、数量分别存放，并应符合下列规定：

1）水泥和掺合料应存放在筒仓内，储存时应保持密封、干燥、防止受潮。

2）砂、石应按不同品种、规格分别存放，并应有防尘和防雨等措施。

3）外加剂应按不同生产企业、不同品种分别存放，并有防止沉淀等措施。

2. 混凝土的制备

（1）主要机具。混凝土搅拌机按其搅拌原理分为自落式和强制式两种。自落式搅拌机适用于搅拌流动性较大的混凝土(坍落度不小于 30 mm)；强制式搅拌机搅拌作用强烈，搅拌时间短，适用于搅拌低流动性混凝土、干硬性混凝土和轻骨料混凝土。

（2）作业条件。

1）试验室已下达混凝土配合比通知单，严格按照配合比进行生产任务，如有原材料变化，以试验室的配合比变更通知单为准，严禁私自更改配合比。

2）所有的原材料经检查，全部应符合配合比通知单所提出的要求。

3)搅拌机及其配套的设备应运转灵活、安全可靠。电源及配电系统应符合要求、安全可靠。

4)所有计量器具必须有检定的有效期标识。计量器具灵敏可靠,并按施工配合比设专人定磅。

5)对新下达的混凝土配合比,应进行开盘鉴定。

(3)混凝土搅拌要求。

1)准备工作。每台班开始前,对搅拌机及上料设备进行检查并试运转;对所用计量器具进行检查并定磅;校对施工配合比;对所用原材料的规格、品种、产地、牌号及质量进行检查。并与施工配合比进行核对;对砂、石的含水率进行检查,如有变化,及时通知试验人员调整用水量,一切检查符合要求后,方可开盘拌制混凝土。

2)物料计量。

①砂、石计量,采用自动上料,需调整好斗门关闭的提前量,以保证计量准确。砂、石计量的允许偏差应≤±1%。

②水泥计量:搅拌时采用散装水泥时应每盘精确计量。水泥计量的允许偏差应≤±1%。

③外加剂及混合料计量:使用液态外加剂时,为防止沉淀要随用随搅拌。外加剂的计量允许偏差应≤±1%。

④水计量:水必须盘盘计量,其允许偏差应≤±1%。

3)第一盘混凝土拌制的操作。

①每工作班拌制第一盘混凝土时,先加水使搅拌筒空转数分钟,待搅拌筒被充分湿润后,将剩余积水倒净。

搅拌第一盘时,由于砂浆粘筒壁而损失,因此,根据试验室提供的砂、石含水率及配合比配料,每班第一盘料需增加水泥 10 kg、砂 20 kg。

②从第二盘开始,按给定的配合比投料。

③搅拌时间控制:混凝土搅拌时间为 60~120 s 为佳。冬期施工时搅拌时间应取常温搅拌时间的 1.5 倍。

4)出料时的外观及时间。出料前,在观察口目测拌合物的外观质量,保证混凝土应搅拌均匀、颜色一致,具有良好的和易性。每盘混凝土拌合物必须出尽,下料时间为 20 s。

二、钢筋

1. 钢筋的种类

钢筋是指钢筋混凝土和预应力钢筋混凝土用钢材。按外形可分为光圆钢筋和带肋钢筋;按生产工艺可分为热轧钢筋、热处理钢筋、余热处理钢筋、细晶粒钢筋;按化学成分可分为碳素钢、合金钢;按强度等级可分为 HPB300 级、HRB335 级、HRB400 级、HRB500 级。HRB400E 级钢筋牌号后面加 E,表示为抗震专用钢筋。

钢筋自身具有较好的抗拉、抗压强度,同时与混凝土之间具有很好的握裹力。因此,两者结合形成的钢筋混凝土,既充分发挥了混凝土的抗压强度,又充分发挥了钢筋的抗拉强度,是一种耐久性、防火性很好的结构受力材料。

在装配式混凝土结构中，钢筋的各项力学性能指标均应符合现行国家标准《混凝土结构设计规范(2015年版)》(GB 50010—2010)的规定，普通钢筋采用套筒灌浆连接和浆锚搭接连接时，钢筋应采用热轧带肋钢筋。

预制构件的吊环应采用未经冷加工的HPB300级钢筋制作。吊装用内埋式螺母或吊杆的材料应符合现行国家相关标准的规定。

2. 钢筋加工流程

钢筋加工流程包括钢筋进场验收→钢筋存放→钢筋下料→钢筋加工→钢筋安装。

(1)钢筋进场验收。钢筋进场应进行验收，验收项目包括查对标牌、检查外观和力学性能检验，验收合格后方可使用。

1)查对标牌。产品合格证、出厂检验报告是产品质量的证明资料，因此，钢筋混凝土工程中所用的钢筋必须有钢筋产品合格证和出厂检验报告。进场的每捆(盘)钢筋(丝)均应有标牌，一般不少于两个，标牌上应有供方厂标、钢号、炉罐(批)号等标记。验收时，应查对标牌上的标记是否与产品合格证和出厂检验报告上的相关内容一致。

2)检查外观。钢筋的外观检查包括：钢筋应平直、无损伤；钢筋表面不得有裂纹、油污或片状锈蚀；钢筋表面凸块不允许超过螺纹的高度，钢筋的外形尺寸应符合有关规定。

3)力学性能检验。钢筋进场时应按炉罐(批)国家标准《钢筋混凝土用钢第2部分：热轧带肋钢筋》(GB/T 1499.2—2018)、《钢筋混凝土用钢第1部分：热轧光圆钢筋》(GB/T 1499.1—2017)等的规定抽取试件做力学性能检验，合格后方可使用。

(2)钢筋存放。

1)进入施工现场的钢筋，必须严格按批分等级、钢号、直径等挂牌存放。

2)钢筋应尽量放入库房或料棚内。露天堆放时，应选择地势较高、平坦、坚实的场地。

3)钢筋的堆放应架空，距离地面不小于200 mm。在场地或仓库周围应设排水沟以防积水。

4)钢筋在运输或储存时，不得损坏标志。

5)钢筋不得和酸、盐、油类等物品存放在一起，也不得靠近可能产生有害气体的车间。

6)加工好的钢筋要分工程名称和构件名称编号、挂牌堆放整齐。

(3)钢筋下料。钢筋下料是根据构件配筋图，先绘制出各种形状和规格的单根钢筋简图并进行编号，然后分别计算钢筋下料长度和根数，填写下料单，申请加工。钢筋下料是确定钢筋材料计划，进行钢筋加工和结算的依据。钢筋配料长度是钢筋外缘之间的长度，即外包尺寸，这是施工中度量钢筋长度的基本依据。

(4)钢筋加工。钢筋的加工有除锈、调直、切割及弯曲成型。

1)除锈：钢筋的表面应洁净。油渍、漆污和用锤敲击时能剥落的浮皮、铁锈等应在使用前清除干净。在焊接前，焊点处的水锈应清除干净。钢筋除锈一般可以通过以下两个途径：大量钢筋除锈可在钢筋冷拉或钢筋调直机调直过程中完成；少量的钢筋局部除锈可采用电动除锈机或人工用钢丝刷、砂盘及喷砂和酸洗等方法进行(图2-3)。

2)调直：钢筋调直宜采用机械方法，也可以采用冷拉。对局部曲折、弯曲或成盘的钢筋在使用前应加以调直。钢筋调直的方法很多，常用的方法是使用卷扬机拉直和用调直机调直。钢筋的冷拉是指在常温下对钢筋进行强力拉伸，以超过钢筋的屈服强度的拉应力，使钢筋产生塑性变形，达到调直钢筋、提高强度的目的。

3)切割：切割前，应将同规格钢筋长短搭配，统筹安排，一般先切长料，后切短料，以减少短头和损耗；钢筋切割可用钢筋切割机或手动剪切器(图2-4)。

4)弯曲成型：钢筋弯曲有人工弯曲和机械弯曲(图2-5)。钢筋弯曲的顺序是画线、试弯、弯曲成型。画线主要根据不同的弯曲角在钢筋上标出弯折的部位，以外包尺寸为依据，扣除弯曲量度差值。

图2-3　钢筋除锈

图2-4　钢筋调直切割

图2-5　钢筋弯曲成型

(5)钢筋安装。

1)准备工作。

①核对成品钢筋的钢号、直径、形状、尺寸和数量等是否与下料单相符。如有错漏，应纠正增补。

②准备绑扎用的钢丝、绑扎工具、绑扎架等。钢筋绑扎用的铁丝，可采用20～22♯钢丝，其中22♯钢丝只用于绑扎直径为12 mm以下的钢筋。

③准备控制混凝土保护层用的垫块。

④绑扎形式复杂的结构部位时，应先研究逐根钢筋穿插就位的顺序，并与模板工联系，讨论支模和绑扎钢筋的先后次序，以减少绑扎困难。

2)钢筋入模要求。钢筋骨架、钢筋网片应满足预制构件设计图要求，宜采用专用钢筋定位件，钢筋入模应符合下列要求：

①钢筋骨架入模时应平直、无损伤，表面不得有油污或锈蚀。

②钢筋骨架尺寸应准确，骨架吊装时应采用多吊点的专用吊架，以防止骨架产生变形。

③保护层垫块应与钢筋骨架或网片绑扎牢固，垫块按梅花状布置，间距满足钢筋限位及控制变形要求。

④钢筋连接套筒应设计定位销、模板架等，保证其按预制构件设计制作图准确定位和保证浇筑混凝土时不位移。

3. 焊接钢筋网片

焊接钢筋网片(图 2-6)是将具有相同或不同直径的纵向和横向钢筋分别以一定间距垂直排列，全部交叉点均用电阻点焊焊在一起的钢筋网。其可分为定型、定制和开口钢筋焊接网三种。钢筋焊接网的生产主要采用钢筋焊接网生产线，并采用计算机自动控制的多头焊网机焊接成型，焊接前后钢筋的力学性能几乎没有变化。其优点是钢筋网成型速度快、网片质量稳定、横纵向钢筋间距均匀、交叉点处连接牢固。

(a)   (b)

图 2-6　焊接钢筋网片
(a)焊接钢筋网片生产线；(b)焊接钢筋网片成品

目前，主要采用 CRB550、CRB600H 级冷轧带肋钢筋和 HRB400、HRB500 级热轧钢筋制作焊接网，焊接网工程应用较多、技术成熟。

钢筋焊接网技术指标应符合国家标准《钢筋混凝土用钢第 3 部分：钢筋焊接网》(GB/T 1499.3—2010)和行业标准《钢筋焊接网混凝土结构技术规程》(JGJ 114—2014)的规定。冷轧带肋钢筋的直径宜采用 5～12 mm，CRB550、CRB600H 的强度标准值分别为 500 N/mm²、520 N/mm²，强度设计值分别为 400 N/mm²、415 N/mm²；热轧钢筋的直径宜为 6～18 mm，HRB400、HRB500 屈服强度标准值分别为 400 N/mm²、500 N/mm²，强度设计值分别为 360 N/mm²、435 N/mm²。焊接网制作方向的钢筋间距宜为 100 mm、150 mm、200 mm，也可采用 125 mm 或 175 mm；与制作方向垂直的钢筋间距宜为 100～400 mm，且宜为 10 mm 的整倍数，焊接网的最大长度不宜超过 12 m，最大宽度不宜超过 3.3 m。焊点抗剪力不应小于试件受拉钢筋规定屈服力值的 0.3 倍。

4. 桁架钢筋

以钢筋为上弦、下弦及腹杆，通过电阻点焊连接而成的桁架叫作钢筋桁架。钢筋桁架(图 2-7)通常也称为桁架钢筋，钢筋桁架在钢结构中通常用于钢筋桁架楼承板，在装配式混凝土结构中用于桁架钢筋混凝土叠合楼板。桁架钢筋的制作及在预制混凝土构件中的使用应满足现行行业标准《装配式混凝土结构技术规程》(JGJ 1—2014)中的各项规定和要求。

(a) (b)

图 2-7　桁架钢筋

(a)桁架钢筋生产线；(b)桁架钢筋成品

三、型钢

型钢是一种有一定截面形状和尺寸的条形钢材(图 2-8)。按照钢的冶炼质量不同，型钢可分为普通型钢和优质型钢。普通型钢按照其断面形状又可分为工字钢、槽钢、角钢、圆钢等。型钢可以在工厂直接热轧而成，或者采用钢板切割、焊接而成。

型钢的材料要求：在装配整体式结构中，钢材的各项性能指标均应符合现行国家标准《钢结构设计标准》(GB 50017—2017)的规定。型钢钢材宜采用 Q235 等级 B、C、D 的碳素结构钢及 Q345 等级 B、C、D、E 的低合金高强度结构钢。

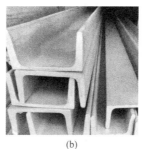

(a) (b) (c)

图 2-8　型钢

(a)工字钢；(b)槽钢；(c)角钢

任务二　预制混凝土构件连接材料

学习内容

(1)钢筋灌浆套筒接头的组成、连接原理；

(2)钢筋灌浆套筒的分类；

(3)钢筋灌浆套筒的性能要求；

(4)灌浆料的性能要求；

(5)钢筋锚固板的概念和应用；

(6)预制混凝土构件连接面构造。

>> 知识解读

一、钢筋灌浆套筒连接接头

1. 钢筋灌浆套筒接头的组成

钢筋灌浆套筒接头由钢筋、灌浆套筒、灌浆料三种材料组成。

2. 钢筋灌浆套筒接头的连接原理

将带肋钢筋插入套筒，向套筒内灌注无收缩或微膨胀的水泥基灌浆料，充满套筒与钢筋之间的间隙，灌浆料硬化后与钢筋的横肋和套筒内壁凹槽或凸肋紧密齿合，使钢筋连接后所受外力能够有效传递，如图 2-9 所示。其类似钢筋机械连接。

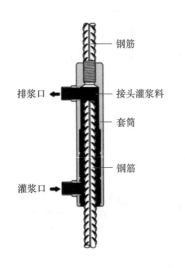

图 2-9　钢筋灌浆套筒接头的连接原理

3. 灌浆套筒的分类

灌浆套筒按加工方式可分为铸造灌浆套筒和机械加工灌浆套筒。铸造灌浆套筒宜选用球墨铸铁，机械加工套筒宜选用优质碳素结构钢、低合金高强度结构钢、合金结构钢或其他经过接头型式检验确定符合要求的钢材。

灌浆套筒分为全灌浆套筒和半灌浆套筒两种形式。前者两端均采用灌浆方式与钢筋连接；后者一端采用灌浆方式与钢筋连接，另一端采用非灌浆方式与钢筋连接（通常采用螺纹连接），如图 2-10 所示。

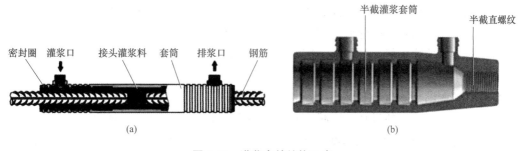

图 2-10 灌浆套筒结构示意

(a)全灌浆套筒；(b)半灌浆套筒

4. 灌浆套筒的性能要求

灌浆套筒的设计、生产和制造应符合现行行业标准《钢筋连接用灌浆套筒》(JG/T 398—2019)的相关规定，当采用其他材料的灌浆套筒时，套筒性能指标应符合有关产品标准的规定。

套筒材料主要性能指标：球墨铸铁灌浆套筒的抗拉强度不小于 550 MPa，断后伸长率不小于 5%，球化率不小于 85%；各类钢制灌浆套筒的抗拉强度不小于 600 MPa，屈服强度不小于 355 MPa，断后伸长率不小于 16%；其他材料套筒应符合有关产品标准要求。

套筒表面应刻印清晰、持久性标志；标志应至少包括厂家代号、套筒类型代号、特性代号、主参数代号及可追溯材料性能的生产批号等信息，生产批最大可为同炉号、同规格套筒。套筒批号应与原材料检验报告、发货凭单、产品检验记录、产品合格证等记录相对应。

套筒的型号主要由类型代号、特征代号、主参数代号和产品更新变形代号组成，如图 2-11 所示。

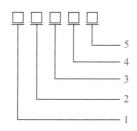

图 2-11 套筒的型号

1—类型代号，灌浆套筒用"GT"表示；2—特征代号，"空"表示全灌浆套筒，"B"表示滚轧直螺纹灌浆套筒；
3—钢筋强度级别主参数代号，"4"表示 400 及以下级，"5"表示 500 级；4—钢筋直径主参数代号，
用"××/××"表示，前面的"××"表示灌浆端钢筋的直径，后面的"××"表示非灌浆端的钢筋直径，
全灌浆套筒后面的直径省略；5—更新、变形代号，用大写英文字母顺序表示，A、B、C⋯⋯

示例：连接 400 级钢筋、直径 20 mm 的全灌浆套筒表示为：GT4 20。

连接 500 级钢筋，灌浆端直径为 36 mm，非灌浆端直径为 32 mm 的剥肋滚轧直螺纹灌浆套筒的第一次变形表示为：GTB5 36/32 A。

5. 灌浆料的性能要求

以水泥为基本材料，并配以细骨料、外加剂及其他材料混合而成的用于钢筋套筒灌浆

连接的干混料，简称灌浆料。灌浆料拌合物是指灌浆料按规定比例加水搅拌后，具有良好的流动性、早强、高强及硬化后微膨胀等性能的浆体。

灌浆料主要性能指标：初始流动度不小于 300 mm，30 min 流动度不小于 260 mm，1 d 抗压强度不小于 35 MPa，28 d 抗压强度不小于 85 MPa。

套筒材料在满足断后伸长率等指标要求的情况下，可采用抗拉强度超过 600 MPa（如 900 MPa、1 000 MPa）的材料，以减小套筒壁厚和外径尺寸，也可根据生产工艺采用其他强度的钢材。灌浆料在满足流动度等指标要求的情况下，可采用抗压强度超过 85 MPa（如 110 MPa、130 MPa）的材料，以便于连接大直径钢筋、高强度钢筋和缩短灌浆套筒长度。

表 2-1　套筒灌浆料的性能指标

检测项目		性能指标
流动度	初始	≥300 mm
	30 min	≥260 mm
抗压强度	1 d	≥35 MPa
	3 d	≥60 MPa
	28 d	≥85 MPa
竖向自由膨胀率	24 h 与 3 h 差值	0.02%～0.5%
氯离子含量		0.03%
泌水率/%		0

二、钢筋锚固板

钢筋锚固板是指设置于钢筋端部用于锚固钢筋的承压板。按受力性能可分为部分锚固板和全锚固板，如图 2-12 所示。钢筋锚固板的材料应符合现行行业标准《钢筋锚固板应用技术规程》（JGJ 256—2011）的规定。

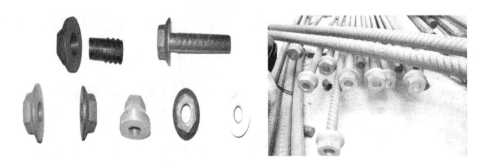

图 2-12　钢筋锚固板

三、预制混凝土构件连接面构造

混凝土连接主要是预制构件与后浇混凝土之间的连接。为加强预制构件与后浇混凝土之间的连接，预制构件与后浇混凝土的结合面应设置相应的粗糙面和抗剪键槽。

1. 粗糙面处理

粗糙面处理，即通过外力使预制构件与后浇混凝土结合处变得粗糙，露出碎石等骨料。其通常有人工凿毛法、机械凿毛法、缓凝水冲法三种方法。

（1）人工凿毛法。人工凿毛法是指工人使用铁锤和凿子剔除预制构件结合面的表皮，露出碎石骨料，增加结合面的粘结粗糙度，如图2-13（a）所示。此方法的优点是简单、易于操作；缺点是费工费时，效率低。

（2）机械凿毛法。机械凿毛法是使用专门的小型凿岩机配置梅花平头钻，剔除结合面混凝土的表皮，增加结合面的粘结粗糙度，如图2-13（b）所示。此方法的优点是方便、快捷，机械小巧，易于操作；其缺点是操作人员的作业环境差，有粉尘污染。

（3）缓凝水冲法。缓凝水冲法是混凝土结合面粗糙度处理的一种新工艺，是指在部品构件混凝土浇筑前，将含有缓凝剂的浆液涂刷在模板壁上；浇筑混凝土后，利用已浸润缓凝剂的表面混凝土与内部混凝土的缓凝时间差，用高压水冲洗未凝固的表层混凝土，冲掉表面浮浆，显露出骨料，形成粗糙的表面，如图2-13（c）所示。缓凝水冲法具有成本低、效果佳、功效高且易于操作的优点，目前应用广泛。

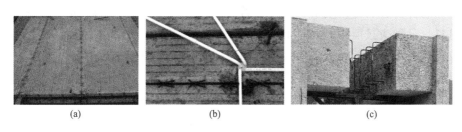

(a)　　　　　　　(b)　　　　　　　(c)

图 2-13　预制构件粗糙面处理

（a）人工凿毛；（b）机械凿毛；（c）缓凝水冲

2. 键槽连接

装配式结构的预制梁、预制柱及预制剪力墙断面处需设置抗剪键槽（图2-14）。键槽设置尺寸及位置应符合装配式结构的设计及相关规范的要求。对键槽面应进行粗糙面处理。

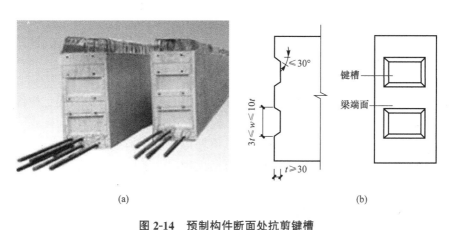

(a)　　　　　　　　　　　　　(b)

图 2-14　预制构件断面处抗剪键槽

（a）梁端抗剪键槽示例；（b）梁端抗剪键槽构造要求

任务三　　常用预埋件

学习内容

(1)预埋件、预埋管线、预埋门窗框的基本要求；

(2)预埋螺栓和预埋螺母；

(3)预埋吊钉的种类及应用范围；

(4)预埋电气管线和水暖管线。

知识解读

一、预埋件、预埋管线、预埋门窗框的基本要求

预埋件的材料、品种、规格、型号应符合现行国家相关标准的规定和设计要求。预埋件的材料、品种应按照预制构件制作图进行制作，并准确定位。预埋件的设置及检测应满足设计及施工要求。预埋件应按照不同材料、不同品种、不同规格分类存放并标识。预埋件应进行防腐防锈处理，并应满足现行国家标准《工业建筑防腐蚀设计标准》（GB 50046—2018）、《涂覆涂料前钢材表面处理　表面清洁度的目视评定》（GB/T 8923）的有关规定。

预埋管线的材料、品种、规格、型号应符合现行国家相关标准的规定和设计要求。预埋管线的防腐防锈应满足现行国家标准《工业建筑防腐蚀设计标准》（GB 50046—2018）和《涂覆涂料前钢材表面处理　表面清洁度的目视评定》（GB/T 8923）的规定。

预埋门窗框应有产品合格证和出厂检验报告，品种、规格、性能、型材壁厚、连接方式等应满足设计要求和现行相关标准的要求。当门窗（副）框直接安装在预制构件中时，应在模具上设置弹性限位件进行固定；门窗框应采取包裹或覆盖等保护措施，生产和吊装运输过程中不得污染、划伤和损坏。

二、预埋螺栓和预埋螺母

预埋螺栓是将螺栓预埋在预制混凝土构件中，用留出的螺栓丝扣来固定构件，可起到连接固定作用。常见的做法是预制挂板通过在构件内预埋螺栓与预制叠合板或阳台板进行连接，还有为固定其他构件而预埋螺栓。与预埋螺栓相对应的另一种方式是预埋螺母（图2-15）。预埋螺母的好处是构件的表面没有凸出物，便于运输和安装，如内丝套筒属于预埋螺母。对于小型预制混凝土构件，预埋螺栓和预埋螺母在不影响正常使用和满足起吊受力性能的前提下也可以当作吊钉使用。

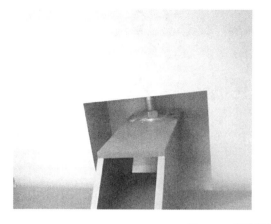

图 2-15　预埋螺母

三、预埋吊钉

预制混凝土构件过去采用的预埋吊件主要为吊环，现在多采用圆头吊钉、套筒吊钉、平板吊钉。

(1)预埋圆头吊钉(图 2-16)适用于所有预制混凝土构件的起吊，如墙体、柱子、横梁、水泥管道。其特点是无须加固钢筋，拆装方便，性能卓越，使用操作简便。还有一种带眼圆头吊钉。通常，在尾部的孔中拴上锚固钢筋，以增强预埋圆头吊钉在预制混凝土中的锚固力。

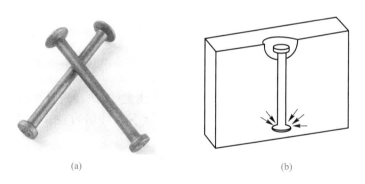

(a)　　　　　　　　　　　　　　(b)

图 2-16　预埋圆头吊钉

(a)常用预埋圆头吊钉；(b)预埋圆头吊钉安装示意

(2)预埋套筒吊钉(图 2-17)适用于所有预制混凝土构件的起吊。套筒吊钉的优点是预制混凝土构件表面平整；其缺点是采用螺纹接驳器时，需要将接驳器的丝杆完全拧入套筒中，如果接驳器的丝杆没有拧到位或接驳器的丝杆受到损伤时可能降低其起吊能力，因此，较少在大型构件中使用预埋套筒吊钉。

(3)预埋平板吊钉(图 2-18)适用于所有预制混凝土构件的起吊，尤其适合墙板类薄型构件，预埋平板吊钉种类繁多，选用时应根据厂家的产品手册和指南选用。预埋平板吊钉的优点是起吊方式简单，安全可靠，因而得到了越来越广泛的应用。

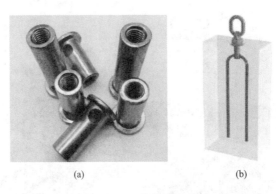

(a)   (b)

图 2-17　预埋套筒吊钉

(a)常用预埋套筒吊钉；(b)预埋套筒吊钉安装示意

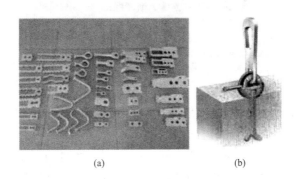

(a)   (b)

图 2-18　预埋平板吊钉

(a)常用预埋平板吊钉；(b)预埋平板吊钉安装示意

四、预埋管线

　　预埋管线是指在预制构件中预先留设的管道、线盒(图 2-19)。预埋管线是用来穿管或留洞口为设备服务的通道，如在建筑设备安装时穿各种管线用的通道(如强弱电、给水、煤气等)。预埋管线通常为钢管、铸铁管或 PVC 管。

图 2-19　叠合楼板预埋电气管道、线盒

(1)电气管线。

1)预制构件一般不得再进行打孔、开洞，特别是预制墙应按设计要求标高预留好过墙的孔洞，重点注意预留的位置、尺寸及数量等应符合设计要求。

2)电气施工人员应对预制构件进行检查，检查预埋的线盒、线管、套管、大型支架埋件等不允许有遗漏，规格、数量及位置等应符合相关规范要求。

3)预制构件中主要埋设：配电箱、等电位联结箱、开关盒、插座盒、弱电系统接线盒（消防显示器、控制器、按钮、电话、电视、对讲等）及其管线。

4)预埋管线应畅通，金属管线的内、外壁应按规定做除锈和防腐处理，清除管口毛刺。埋入楼板及墙内管线的保护层厚度不小于 15 mm，消防管路保护层厚度不小于 30 mm。

(2)水暖管线。

1)预留套管应按设计图纸中管道的定位、标高，同时结合装饰专业绘制预留图，预留预埋应在预制构件厂内完成，并进行质量验收。

2)在预制构件中预埋管道附件时，应做好保洁工作，避免附件被混凝土等材料堵塞。

3)穿越预制墙体的管道应预埋刚性或柔性防水套管，按照防水套管相关规定选型；管顶上部净空高度不小于建筑物沉降量，一般不小于 150 mm；穿越预制楼板的管道应预留洞或预埋套管，一般孔洞或套管大于管外径 50～100 mm。

4)当给水排水系统中的一些附件预留洞不易安装时，可采用直接预埋的办法。

5)由于预制混凝土构件是在工厂生产现场组装，与主体结构之间靠金属件或现场处理进行连接。因此，所有预制混凝土构件中预埋件的定位除要满足距墙面、穿越楼板和穿梁的结构要求外，还应给金属件和墙体留有安装空间，一般距离两侧构件边缘不小于 40 mm。

任务四　保温材料及保温拉结件

》》学习内容

(1)保温材料种类及主要性能指标；
(2)外墙保温拉结件的基本规定；
(3)外墙保温拉结件的分类；
(4)外墙保温拉结件的设置要求。

》》知识解读

一、保温材料

保温材料依据材料性质来分类，大体可分为有机材料、无机材料和复合材料。不同的保温材料性能各异，材料的导热系数数值的大小是衡量保温材料的重要指标。

夹心外墙板中的保温材料，其导热系数不宜大于 0.040 W/(m·K)，体积比吸水率不宜大于 0.3%，燃烧性能不应低于国家标准《建筑材料及制品燃烧性能分级》（GB 8624—2012）中 B2 级的要求。常用的保温材料有聚苯板（EPS 板）、挤塑聚苯板（XPS 板）、石墨聚苯板、真金板、泡沫混凝土板、泡沫玻璃保温板、发泡聚氨酯板、真空绝热板等（图 2-20），下面主要介绍聚苯板和挤塑聚苯板的主要性能，其主要性能指标应符合表 2-2 的规定。

（a）   （b）   （c）

（d）   （e）   （f）

图 2-20 外墙保温材料

（a）聚苯板；（b）挤塑聚苯板；（c）石墨聚苯板；（d）真空绝热板；（e）发泡聚氨酯板；（f）真金板

1. 聚苯板

聚苯板全称聚苯乙烯泡沫板简称 EPS 板，是由含有挥发性液体发泡剂的可发性聚苯乙烯珠粒，经加热预发后在模具中加热成型的具有微细闭孔结构的白色固体，导热系数为 0.035～0.052 W/(m·K)。其他性能指标应符合现行国家标准《绝热用模塑聚苯乙烯泡沫塑料》（GB/T 10801.1—2002）的规定。

2. 挤塑聚苯板

挤塑聚苯板简称 XPS 板，也是聚苯板的一种，只不过其的生产工艺是挤塑成型，导热系数为 0.030 W/(m·K)，以聚苯乙烯树脂或其共聚物为主要成分，添加少量添加剂，通过加热挤塑成型而制得的具有闭孔结构的硬质泡沫塑料制品。挤塑聚苯板集防水和保温作用于一体，刚度大，抗压性能好，导热系数低。其他性能指标应符合现行国家标准《绝热用挤塑聚苯乙烯泡沫塑料（XPS）》（GB/T 10801.2—2018）的规定。

夹心外墙板接缝处填充用保温材料的燃烧性能应满足国家标准《建筑材料及制品燃烧性能分级》（GB 8624—2012）中 A 级的要求。

表 2-2　EPS 板和 XPS 板的主要性能指标

项目	单位	性能指标		实验方法
		EPS 板	XPS 板	
表观密度	km/m²	20～30	30～50	《泡沫塑料及橡胶　表观密度的测定》(GB/T 6343—2009)
导热系数	W/(m·K)	≤0.041	≤0.03	《绝热材料稳态热阻及有关特性的测定　防护热板法》(GB/T 10294—2008)
压缩强度	MPa	≥0.10	≥0.20	《硬质泡沫塑料　压缩性能的测定》(GB/T 8813—2020)
燃烧性能	—	不低于 B2 级		《建筑材料及制品燃烧性能分级》(GB 8624—2012)
尺寸稳定性	%	≤3	≤20	《硬质泡沫塑料　尺寸稳定性试验方法》(GB/T 8811—2008)
吸水率 (体积分数)	%	≤4	≤1.5	《硬质泡沫塑料吸水率的测定》(GB/T 8810—2005)

二、外墙保温拉结件

夹心保温外墙板中内、外叶墙板的拉结件是用于连接预制保温墙体内、外层混凝土墙板，传递墙板剪力，以使内外层墙板形成整体的连接器，如图 2-21 所示。

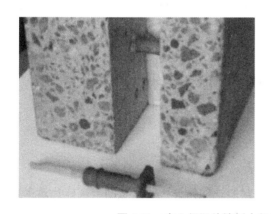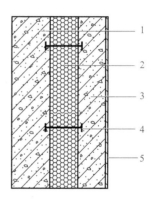

图 2-21　夹心保温外墙板中保温拉结件连接
1—内叶板；2—保温材料；3—外叶板；4—连接件；5—饰面层

拉结件宜采用纤维增强复合材料或不锈钢薄钢板加工制成。当有可靠依据时，也可以采用其他类型的连接件。

(1)夹心外墙板中内、外叶墙板的拉结件应符合下列规定：

1)金属及非金属材料拉结件均应满足承载力、变形和耐久性能要求，并应经过试验验证；

2)连接件的密度、拉伸强度、拉伸弹性模量、断裂伸长率、热膨胀系数、耐碱性、防火性能、导热系数等性能应满足现行国家相关标准的规定，并应经过试验验证；

3)拉结件应满足夹心外墙板的节能设计要求。

(2)预制夹心保温墙体用连接件的分类。目前，预制夹心保温墙体中使用的拉结件主要有玻璃纤维拉结件[图 2-22(a)]、不锈钢哈芬拉结件[图 2-22(b)]。

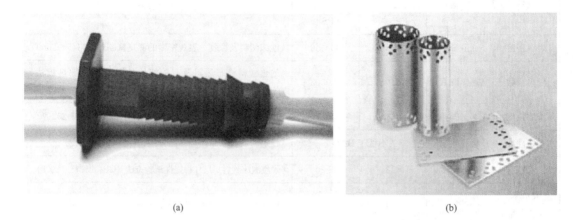

(a)   (b)

图 2-22　常用保温拉结件

(a)玻璃纤维拉结件；(b)不锈钢哈芬拉结件

(3)连接件的设置方式应满足以下要求：

1)棒状或片状连接件宜采用矩形或梅花形布置，间距一般为 400～600 mm，连接件与墙体洞口边缘的距离一般为 100～200 mm；当有可靠依据时，也可按设计要求确定。

2)连接件的锚入方式、锚入深度、保护层厚度等参数应满足现行国家相关标准的规定。

任务五　其他材料

一、密封材料

外墙板接缝处的密封材料主要采用密封胶，包括硅酮、聚氨酯、聚硫建筑密封胶等。

密封胶与混凝土具有相容性，以及规定的抗剪切和伸缩变形能力；密封胶应具有防霉、防水、防火、耐候等性能，并应符合现行国家标准的规定。

二、装修材料

涂料和面砖等外装饰材料质量、拉拔试验等应满足现行相关标准和设计要求。当采用面砖饰面时，宜选用背面带燕尾槽的面砖，燕尾槽尺寸应符合工程设计和相关标准要求。其他外装饰材料应符合相关标准规定。

室内装饰材料应符合现行国家标准《民用建筑工程室内环境污染控制标准》(GB 50325—2020)和《建筑内部装饰设计防火规范》(GB 50222—2017)的有关规定。

>>> 知识拓展

扫描二维码，自主学习装配式混凝土材料与配件在工程中的应用案例。

课后复习思考题

一、判断题

1. 预制混凝土构件中混凝土强度等级不宜低于C25。（　　）

2. 装配式混凝土结构中水泥宜采用不低于42.5级的硅酸盐水泥和普通硅酸盐水泥。（　　）

3. 材料的导热系数数值的大小是衡量材料保温性能的重要指标，导热系数越大，保温性能越好。（　　）

4. 预制构件钢筋灌浆套筒分为全灌浆套筒和半灌浆套筒。其中，全灌浆套筒的两端连接钢筋均通过灌浆料与钢筋横肋和套筒内侧凹槽之间的咬合进行传力。（　　）

二、简答题

1. 简述混凝土材料存放的基本要求。

2. 简述钢筋的种类。

3. 简述外墙保温拉结件的种类和布置要求。

4. 简述预埋吊件的种类和适用范围。

项目三 装配式混凝土结构识图

学习目标

能准确识读装配式混凝土结构平面布置图，掌握剪力墙、叠合楼板、预制楼梯、预制阳台板、空调板及女儿墙的平面布置图表示方法；能准确识读装配式混凝土结构预制构件详图，掌握预制剪力墙、叠合楼板、预制楼梯、预制阳台板、空调板及女儿墙的模板图、配筋图表示方法；能准确识读装配式混凝土结构预制构件连接节点详图，掌握剪力墙、叠合楼板、预制楼梯、预制阳台板、空调板及女儿墙的连接节点构造要求。

通过装配整体式剪力墙结构的平面布置图、预制构件详图的识读，培养学生一丝不苟、精益求精的工匠精神；通过预制构件连接节点详图的识读，培养学生团结协作精神和大局意识。

传统现浇结构施工图主要由建筑施工图、结构施工图和设备施工图组成。装配式混凝土结构施工图除这个专业图纸外，还应增加与装配化施工相关的图示和说明。另外，由于装配式建筑均以成品房形式交付，所以还应包含装饰装修图。本项目主要依据《装配式混凝土结构住宅建筑设计示例(剪力墙结构)》(15J939—1)、《装配式混凝土结构表示方法及示例(剪力墙结构)》(15G107—1)、《装配式混凝土结构连接节点构造》(15G310)等标准设计图集，介绍装配式混凝土结构专业相关图纸识读。

任务一 识读装配式混凝土结构平面布置图

学习内容

(1)识读剪力墙平面布置图；
(2)识读叠合楼板平面布置图；
(3)识读预制楼梯平面布置图；
(4)识读预制阳台板、空调板、女儿墙平面布置图。

知识解读

一、识读剪力墙平面布置图

1. 预制混凝土剪力墙表示方法

预制混凝土剪力墙(简称"预制剪力墙")平面布置图应按标准层绘制(图 3-1)，内容包括预制剪力墙、现浇混凝土墙体、后浇段、现浇梁、楼面梁、水平后浇带或圈梁等。剪力墙平面布置图应标注结构楼层标高表，并注明上部结构嵌固部位位置。在平面布置图中，应

剪力墙连梁表

编号	所在层号	梁顶相对标高高差	梁截面 b×h	上部纵筋	下部纵筋	箍筋
LL1	4~20	0.000	200×500	2⚫16	2⚫16	⚫8@100(2)

预制墙板表

平面图中编号	所在层号	内叶墙板	外叶墙板	管线预埋	所在层号	所在轴号	墙厚(内叶墙)	构件质量	构件详图页码(图号)
YWQ1	4~20		(外叶墙板)	见大样图	4~20	⑧/①	200	6.9	17
YWQ2	4~20	WQC1-3328=1514	(外叶墙板)	wy-1 $a=190$ $b=20$；低区X=450 高区X=280	4~20	Ⓐ~Ⓑ/①	200	5.3	17
YWQ3L	4~20	WQC1-3328=1514	(外叶墙板)	低区X=450 高区X=280	4~20	①~②/Ⓐ	200	3.4	17
YWQ4L	4~20	WQC1-3628=1514	(外叶墙板)	见大样图	4~20	②~④/Ⓐ	200	3.8	17
YWQ5L	4~20	NQ-2728		wy-2 $a=20$ $b=190$，$c_R=590$ $d_R=80$；低区X=450 高区X=280	4~20	①~②/Ⓓ	200	3.9	17
YWQ6L	4~20	NQ-2428		wy-2 $a=290$ $b=290$，$c_R=590$ $d_R=80$；低区X=450 高区X=430	4~20	②~③/Ⓓ	200	4.5	17
YWQ1	4~20	NQ-2728		低区X=150 高区X=450	4~20	Ⓒ~Ⓓ/②	200	3.6	17
YWQ2L	4~20			低区X=450 高区X=750	4~20	Ⓐ~Ⓑ/②	200	3.2	17
YWQ3	4~20	NQ-2728		见大样图	4~20	Ⓐ~Ⓓ/④	200	3.5	17
YWQ1a	4~20			低区X=150 高区X=750	4~20	Ⓒ~Ⓓ/③	200	3.6	17

预制外墙模板表

平面图中编号	所在层号	所在轴号	外叶墙板厚度	构件质量/t	数量	构件详图页码(图号)
JM1	4~20	Ⓐ/①　Ⓓ/①	60	0.47	34	15G365-1，228

结构层楼面标高 结构层高

层号	标高/m	层高/m
屋面2	61.900	3.100
屋面1	58.800	2.900
21	55.900	2.900
20	53.100	2.800
19	50.300	2.800
18	47.500	2.800
17	44.700	2.800
16	41.900	2.800
15	39.100	2.800
14	36.300	2.800
13	33.500	2.800
12	30.700	2.800
11	27.900	2.800
10	25.100	2.800
9	22.300	2.800
8	19.500	2.800
7	16.700	2.800
6	13.900	2.800
5	11.100	2.800
4	8.300	2.800
3	5.500	2.800
2	2.700	2.800
1	-0.100	2.650
-1	-2.250	2.700
-2	-5.450	2.700
-3	-8.150	

上部结构嵌固部位：-0.100

8.300~55.900剪力墙平面布置图

注：
1. 水平后浇带配筋详见装配式结构专项说明及预制墙板详图。
2. 本图中各配筋仅为示例，实际工程中详图中具体设计。
3. 未注明墙体均为轴线居中，墙体厚度为200mm。

图3-1　剪力墙平面布置图示例

标注未居中承重墙体与轴线的定位，需标明预制剪力墙的门窗洞口、结构洞的尺寸和定位，还应标明预制剪力墙的装配方向。

2. 预制混凝土剪力墙编号规定

预制剪力墙编号由墙板代号、序号两部分组成，表达形式应符合表 3-1 的规定。在编号中，如若干预制剪力墙的模板、配筋、各类预埋件完全一致，仅墙厚与轴线的关系不同，也可将其编为同一预制剪力墙编号，但应在图中注明与轴线的几何关系。如 YWQ1 表示预制外墙，序号为 1。YNQ5a 表示某工程有一块预制混凝土内墙板与已编号的 YNQ5 除线盒位置外，其他参数均相同，为方便起见将该预制内墙板序号编为 5a。

表 3-1　预制混凝土剪力墙编号

预制墙板类型	代号	序号
预制外墙	YWQ	××
预制内墙	YNQ	××

3. 预制墙板表的识读

(1)注写墙板编号。

(2)注写各段墙板位置信息，包括所在轴号和所在楼层号。所在轴号应先标注垂直于墙板的起止轴号，用"～"表示起止方向；再标注墙板所在轴线轴号，二者用"/"分隔，如图 3-2 所示。如果同一轴线、同一起止区域内有多块墙板，可在所在轴号后用"－1""－2"……顺序标注。同时，需要在平面图中注明预制剪力墙的装配方向，外墙板以内侧为装配方向，不需特殊标注，内墙板用△表示装配方向，如图 3-2(b)所示。

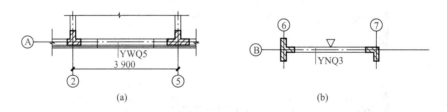

图 3-2　所在轴号示意

(a)外墙板 YWQ5 所在轴号为②～⑤/Ⓐ；(b)内墙板 YNQ3 所在轴号为⑥～⑦/Ⓑ装配方向如图所示

(3)注写管线预埋位置信息，当选用标准图集时，高度方向可只注写低区、中区和高区，水平方向根据标准图集的参数进行选择；当不可选用标准图集时，高度方向和水平方向均应注写具体定位

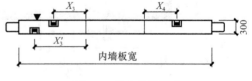

图 3-3　线盒位置信息

尺寸，其参数位置所在装配方向为 X、Y，装配方向背面为 X'、Y'，可用下角标编号区分不同线盒，如图 3-3 所示。

(4)构件质量、构件数量。

(5)构件详图页码，当选用标准图集时，应标注图集号和相应页码；当自行设计时，应注写构件详图的图纸编号。

4. 标准图集预制剪力墙外墙编号

当选用标准图集的预制混凝土外墙板时，可选类型详见《预制混凝土剪力墙外墙板》（15 G365－1）。标准图集的预制混凝土剪力墙外墙由内叶墙板、保温层和外叶墙板组成。预制墙板表中需注写所选图集中内叶墙板编号和外叶墙板控制尺寸。

(1)标准图集中的外叶墙板共有两种类型。图 3-4 所示为标准图集中外页墙板内表面，wy-1 为普通外页墙板，wy-2 为带阳台外页墙板，选用时按实际情况标注 a、b、c、d。

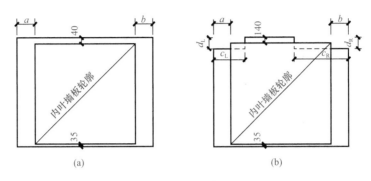

图 3-4　标准图集中外页墙板内表面
(a)wy-1；(b)wy-2

(2)标准图集中的内叶墙板共有 5 种类型，编号示例见表 3-2。

表 3-2　标准图集中内叶墙板编号示例

预制墙板类型	示意图	墙板编号	标志宽度	层高	门/窗宽	门/窗高	/窗宽	门/窗高
无洞外墙		WQ-1828	1 800	2 800	—	—	—	—
带一窗洞高窗台外墙		WQC1-3028-1514	3 000	2 800	1 500	1 400	—	—
带一窗洞矮窗台外墙		WQCA-3028-1518	3 000	2 800	1 500	1 800	—	—
带两窗洞外墙		WQC2-4828-0614-1514	4 800	2 800	600	1 400	1 500	1 400
带一门洞外墙		WQCA-3628-1823	3 600	2 800	1 800	2 300	—	—

工程中常用内叶墙板类型区分不同的外墙板，内叶墙板共有 5 种类型，即无洞口外墙、带一窗洞高窗台外墙、带一窗洞矮窗台外墙、带两窗洞外墙、带一门洞外墙。以带两窗洞外墙板 WQC2-4828-0614-1514 为例进行说明，标志宽度 4 800，适用层高 2 800；左侧窗洞宽 600，窗洞高 1 400；右侧窗洞宽 1 500，窗洞高 1 400。

5. 标准图集预制剪力墙内墙编号

当选用标准图集的预制混凝土内墙板时，可选类型详见《预制混凝土剪力墙内墙板》（15 G365－2）。标准图集中预制混凝土内墙板共有 4 种形式，编号示例见表 3-3。

表 3-3　预制剪力墙内墙编号

预制墙板类型	示意图	墙板编号	标志宽度	层高	门宽	门高
无洞口内墙		NQ-2128	2 100	2 800	—	—
固定门垛内墙		NQM1-3028-0921	3 000	2 800	900	2 100
中间门洞内墙		NQM2-3029-1022	3 000	2 900	1 000	2 200
刀把内墙		NQM3-3329-1022	3 300	2 900	1 000	2 200

6. 后浇段的表示

预制剪力墙之间通过预留钢筋、后浇混凝土的湿式连接方式形成整体。

（1）编号规定。后浇段编号由后浇段类型代号和序号组成，表达形式应符合表 3-4 的规定。

表 3-4　后浇段编号

后浇段类型	代号	序号
约束边缘构件后浇段	YHJ	××
构造边缘构件后浇段	GHI	××
非边缘构件后浇段	AHJ	××

注：在编号中，如若干后浇段的截面尺寸与配筋均相同，仅截面与轴线的关系不同时，可将其编为同一后浇段号；约束边缘构件后浇段包括有翼墙和转角墙两种；构造边缘构件后浇段包括构造边缘翼墙、构造边缘转角墙、边缘暗柱三种。

【例】YHJ1，表示约束边缘构件后浇段，编号为1；GHJ5，表示构造边缘构件后浇段，编号为5；AHJ3，表示非边缘暗柱后浇段，编号为3。

（2）后浇段详细信息通过后浇段表来说明（表 3－5），后浇段表中表达的内容包括：

1）注写后浇段编号，绘制该后浇段的截面配筋图，标注后浇段的几何尺寸。

2）注写后浇段的起止标高，自后浇段根部往上以变截面位置或截面未变但配筋改变处为界分段注写。

3）注写后浇段纵向钢筋和箍筋，注写值应与在表中绘制的截面配筋对应一致。纵向钢筋注纵筋直径和数量；后浇段箍筋、拉筋的注写方式与现浇剪力墙结构墙柱箍筋的注写方式相同。

4）预制墙板外露钢筋尺寸应标注至钢筋中线，保护层厚度应标注至箍筋外表面。

表 3-5　后浇段配筋表

截面			
编号	AHJ1	GHJ1	CHJ3
标高	8.300～58.800	8.300～58.800	8.300～58.800
纵筋	8Φ8	12Φ12	10Φ12
箍筋	Φ8@200	Φ8@200	Φ8@200

7. 预制混凝土叠合梁编号

预制混凝土叠合梁编号由代号、序号组成，包括预制叠合梁和预制叠合连梁两种。DL1 表示预制叠合梁，编号为 1；DLL3 表示预制叠合连梁，编号为 3。

8. 预制外墙模板编号

预制外墙模板编号由类型代号和序号组成，如 JM1 表示预制外墙模板，编号为 1。预制外墙模板表内容包括平面图中编号、所在层号、所在轴号、外叶墙板厚度、构件质量、数量、构件详图页码（图号）。

二、识读叠合楼板平面布置图

1. 叠合楼盖平面布置图表示方法

叠合楼盖平面布置图主要包括预制底板平面布置图、现浇层配筋图、水平后浇带或圈梁布置图，如图 3-5 所示。所有叠合板板块应逐一编号，对相同编号的板块可选择其一做集中标注，其他仅注写置于圆圈内的板编号，当板面标高不同时，在板编号的斜线下标注标高高差，下降为负（－）。叠合板编号由叠合板代号和序号组成，表达形式应符合表 3-6 的规定。

表 3-6　叠合板编号

叠合板类型	代号	序号
叠合楼面板	DLB	××
叠合屋面板	DWB	××
叠合悬挑板	DXB	××

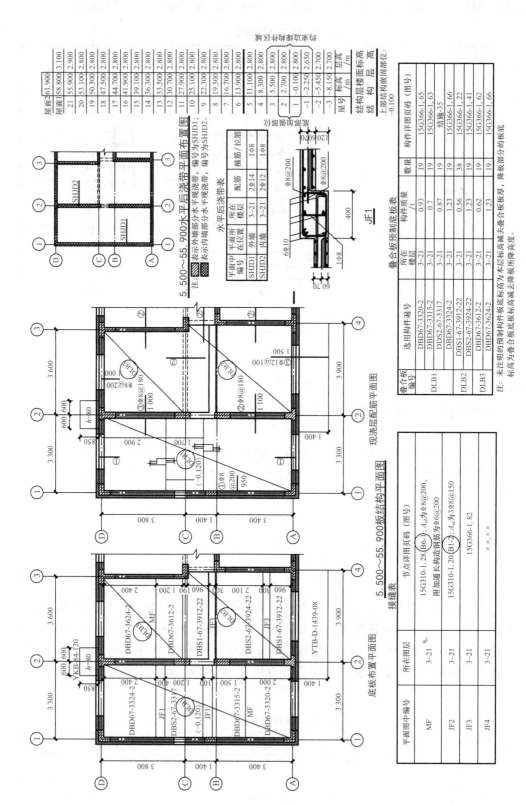

图3-5 叠合楼盖平面布置图示例

2. 预制底板标注

预制底板平面布置图需要标注叠合板编号、预制底板编号、各块预制底板尺寸和定位。当选用标准图集中的预制底板时，可直接在板块上标注标准图集中的底板编号。预制底板为单向板时，还应标注板边调节缝和定位；预制底板为双向板时，还应标注接缝尺寸和定位。标准图集中预制底板编号规则如下：

(1)单向板。单向板编号 DBD××-××××-×，以 DBD67-3324-2 为例，表示为单向受力叠合板用底板，预制底板厚度为 60 mm，现浇叠合层厚度为 70 mm，预制底板的标志跨度为 3 300 mm，预制底板的标志宽度为 2 400 mm，底板跨度方向配筋为 ⊈8@150。单向板底板钢筋编号见表 3-7。

表 3-7　单向板底板钢筋编号表

代号	1	2	3	4
受力钢筋规格及间距	⊈8@200	⊈8@150	⊈10@200	⊈10@150
分布钢筋规格及间距	⊈6@200	⊈6@200	⊈6@200	⊈6@200

(2)双向板。双向板编号 DBS×-××-××××-××，以 DBS1-67-3924-22 为例，表示双向受力叠合板用底板，拼装位置为边板，预制底板厚度为 60 mm，后浇叠合层厚度为 70 mm，预制底板的标志跨度为 3 900 mm，预制底板的标志宽度为 2 400 mm，底板跨度方向、宽度方向配筋均为 ⊈8@150，双向板底板跨度、宽度方向钢筋代号组合表见表 3-8。

表 3-8　双向板底板跨度、宽度方向钢筋代号组合表

编号　　跨度方向钢筋　　　宽度方向钢筋	⊈8@200	⊈8@150	⊈10@200	⊈10@150
⊈8@200	11	21	31	41
⊈8@150	—	22	32	42
⊈8@100	—	—	—	43

3. 预制底板接缝

叠合楼盖预制底板接缝需要在平面上标注其编号、尺寸和位置，并需给出接缝的详图，接缝编号规则见表 3-9，尺寸、定位和详图示例如图 3-5 所示。当叠合楼盖预制底板接缝选用标准图集时，可在接缝选用表中写明节点选用图集号、页码、节点号和相关参数，如图 3-5 中接缝表所示；当自行设计叠合楼盖预制底板接缝时，需由设计单位给出节点详图。

表 3-9　叠合板底板接缝编号

名称	代号	序号
叠合板底板接缝	JF	××
叠合板底板密拼接缝	MF	—

4. 水平后浇带或圈梁标注

叠合楼盖平面布置图中还需在平面上标注水平后浇带或圈梁的分布位置。水平后浇带编号由代号和序号组成，如 SHJD3 表示水平后浇带，序号为 3。水平后浇带标注的内容包括平面中的编号、所在平面位置、所在楼层及配筋，详见图 3-5 所示的底板平面布置图。

三、识读预制楼梯平面布置图

1. 预制楼梯的表示方法

预制楼梯施工图包括按标准层绘制的平面布置图、剖面图、预制梯段板的连接节点、预制楼梯构件表等内容。

如图 3-6 所示，预制楼梯平面布置图注写内容包括楼梯间的平面尺寸、楼层结构标高、楼梯的上下方向、预制梯板的平面几何尺寸、梯板类型及编号、定位尺寸和连接作法索引号等。剪刀楼梯中还需要标注防火隔墙的定位尺寸及作法；预制楼梯剖面注写内容包括预制楼梯编号、梯梁梯柱编号、预制梯板水平及竖向尺寸、楼层结构标高、层间结构标高、建筑楼面做法厚度等。

2. 预制楼梯的编号

预制楼梯的类型有双跑楼梯、剪刀楼梯两种。ST-28-25 表示预制钢筋混凝土板式楼梯为双跑楼梯，层高为 2 800 mm，楼梯间净宽为 2 500 mm。JT-29-26 表示预制钢筋混凝土板式楼梯为剪刀楼梯，层高为 2 900 mm，楼梯间净宽为 2 600 mm。

四、识读预制阳台板、空调板和女儿墙平面布置图

1. 预制阳台板、空调板和女儿墙表示方法

预制阳台板、空调板及女儿墙施工图应包括按标准层绘制的平面布置图、构件选用表。平面布置图中需要标注预制构件编号、定位尺寸及连接做法。

预制钢筋混凝土阳台板、空调板板平面布置图注写内容包括：预制构件编号；各预制构件的平面尺寸、定位尺寸；预留洞口尺寸及相对于构件本身的定位（与标准构件中留洞位置一致时可不标）；楼层结构标高；结构完成面与结构标高不同时的标高高差；预制女儿墙厚度、定位尺寸、女儿墙顶标高。各构件平面示例如图 3-7 所示。

2. 预制阳台板、空调板及女儿墙的编号

某住宅楼封闭式预制叠合板式阳台挑出长度为 1 000 mm，阳台开间为 2 400 mm，封边高度为 800 mm，则预制阳台板编号为 YTB-D-1024-08。

某住宅楼预制空调板实际长度为 840 mm，宽度为 1 300 mm，则预制空调板编号为 KTB-84-130。预制空调板挑出长度从结构承重墙外表面算起。

某住宅楼女儿墙采用夹心保温式女儿墙，其高度为 1 400 mm，长度为 3 600 mm，则预制女儿墙编号为 NEQ-J1-3614。预制女儿墙类型有 J1、J2、Q1、Q24 种。J1 型代表夹心保温式女儿墙（直板）；J2 型代表夹心保温式女儿墙（转角板）；Q1 型代表非保温式女儿墙（直板）；Q2 型代表非保温式女儿墙（转角板）。预制女儿墙高度从屋顶结构层标高算起。

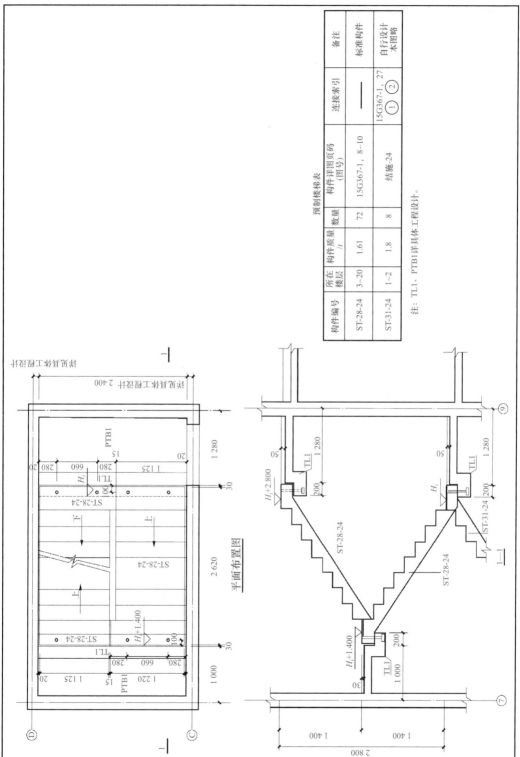

图3-6 预制钢筋混凝土板式楼梯

预制楼梯表

构件编号	所在楼层	构件质量/t	数量	构件详图页码（图号）	连接索引	备注
ST-28-24	3~20	1.61	72	15G367-1，8~10	—	标准构件
ST-31-24	1~2	1.8	8	结施-24	15G367-1，27 ① ②	自行设计本图略

注：TL1、PTB1详具体工程设计。

49

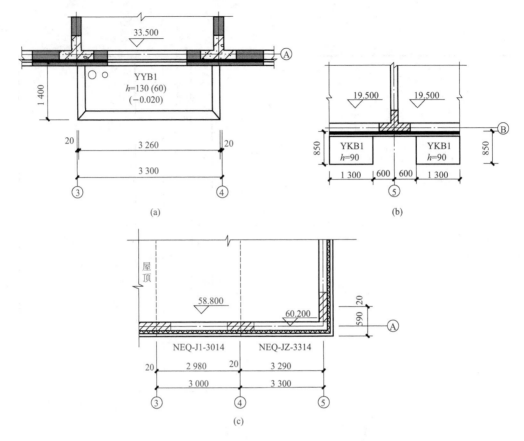

图 3-7 预制阳台板、空调板及女儿墙平面布置图

(a)标准预制阳台板平面注写示例；(b)标准预制空调板平面注写示例；(c)标准预制女儿墙平面注写示例

3. 预制阳台板、空调板及女儿墙构件表

预制阳台板、空调板及女儿墙的构件信息可以通过构件表来读取。预制阳台板、空调板构件表见表 3-10，预制女儿墙构件表见表 3-11。

表 3-10　预制阳台板、空调板构件表

平面图中编号	选用构件	板厚 h/mm	构件质量/t	数量	所在层号	构件详图页码(图号)	备注
YYB1	YTB-D-1224-4	130(60)	0.97	51	4~20	15G368—1	标准构件
YKB1	—	90	1.59	17	4~20	结施—38	自行设计

表 3-11　预制女儿墙构件表

平面图中编号	选用构件	外叶墙板调整	所在层号	所在轴号	墙号(内叶墙)	构件质量(1)	数量	构件详图页码(图号)
YNEQ2	NEQ-J2-3614	—	屋面1	①~②/⑧	160	2.44	1	15G368—1 D08~D11
YNEQ5	NEQ-J1-3914	$a=190$　$b=230$	屋面1	②~③/©	160	2.90	1	15G368—1 D04、D05
YNEQ6	—		屋面1	③~⑤/Ⓙ	160	3.70	1	结施—74 本图集略

任务二　识读预制混凝土构件详图

学习内容

(1)识读无洞口外剪力墙板详图；

(2)识读叠合楼板详图；

(3)识读楼梯板详图；

(4)识读预制阳台板、空调板及女儿墙详图。

知识拓展

一、识读无洞口外剪力墙板详图

以 15G365－1 预制 WQ-3028 模板图(图 3-8)为例，进行预制混凝土剪力墙外墙板的模板图和配筋图识读。

1. WQ-3028 模板图识读

(1)基本尺寸。预制剪力墙外墙板由内叶墙板、保温板和外叶墙板组成。其厚度方向由内而外依次是内叶墙板、保温板和外叶墙板。由俯视图可以看出，在宽度方向上，内叶墙板、保温板和外叶墙板沿中心轴对称布置，保温板边距外叶墙板边 20 mm，内叶墙板边距外叶墙板边 290 mm。由右视图可以看出，在高度方向上，内叶墙板顶部高出结构板顶标高 20 mm，用于竖向连接时进行底部坐浆，顶部低于上一层结构板顶标高 140 mm，进行水平后浇带或后浇圈梁施工。保温板底部与内叶墙板底部平齐，顶部与上一层结构板顶标高平齐。外叶墙板底部低于内叶墙板底部 35 mm，顶部与上一层结构板顶标高平齐，主要作用是利用企口缝进行构造防水。

层高为 2 800 mm，内叶墙板厚 200 mm，宽为 2 400 mm(不含出筋)，高为 2 640 mm(不含出筋)，底部预留 20 mm 高坐浆区，顶部预留 140 mm 高后浇区。保温板宽为 2 940 mm，高为 2 780 mm，厚度按设计选用确定。外叶墙板宽为 2 980 mm，高为 2 815 mm，厚为 60 mm。

(2)预埋灌浆套筒。内叶墙板底部预埋 6 个灌浆套筒，在墙板宽度方向上以间距为 300 mm 均匀布置，内外两层钢筋网片上的套筒交错布置。套筒灌浆孔和出浆孔均设置在内叶墙板内侧面上。同一个套筒的灌浆孔和出浆孔竖向布置，灌浆孔在下，出浆孔在上。灌浆孔和出浆孔的间距因不同工程墙板配筋直径不同会有所不同，但灌浆孔和出浆孔各自都处在同一水平高度上。因外侧钢筋网片上的套筒灌浆孔和出浆孔需绕过内侧网片竖向钢筋后达到内侧墙面，故灌浆孔间或出浆孔间的水平间距不均匀。

(3)预埋吊件。内叶墙板顶部有 2 个预埋吊件，编号为 MJ1。布置在距内叶墙板内侧边 135 mm，距内叶墙板左右两侧边各 450 mm 的对称位置处。

(4)预埋螺母。内叶墙板内侧面有 4 个临时支撑预埋螺母，编号为 MJ2。矩形布置，距离内叶墙板左右两侧边均为350 mm，下部螺母距离内叶墙板下边缘550 mm，上部螺母与下部螺母的间距1 390 mm。

（5）预埋电气线盒。内叶墙板内侧面有3个预埋电气线盒，线盒中心位置与墙板外边缘间距可根据工程实际情况从预埋线盒位置选用表中选取。

（6）其他。内叶墙板顶部、底部和侧面应设置粗糙面，增强预制混凝土与后浇混凝土接缝处粘结性能，也可以在内叶墙板的侧面设置键槽来提高抗剪性能。内叶墙板对角线控制尺寸为3 568 mm，外叶墙板对角线控制尺寸为4 099 mm。

2. WQ-3028 配筋图识读

本部分仅包含内叶墙板配筋图识读，仅读取位置及分布信息，钢筋具体尺寸参见钢筋表，从WQ-3028钢筋图（图3-9）中可以读出以下信息：

（1）基本形式。内外两层钢筋网片，水平分布筋在外，竖向分布筋在内。水平分布筋在灌浆套筒及其顶部加密布置，墙端设置端部竖向构造筋。

（2）与灌浆套筒连接的竖向分布筋③a。7$\pm$16自墙板边300 mm开始布置，间距为300 mm，两层网片上隔一设一。图3-9中墙板内侧均设置3根、外侧设置4根，共计7根。一、二、三级抗震要求时为7$\pm$16，下端车丝，长度为23 mm，与灌浆套筒机械连接。上端外伸290 mm，与上一层墙板中的灌浆套筒连接。四级抗震要求时为7$\pm$14，下端车丝长度为21 mm，上端外伸275 mm。

（3）不连接灌浆套筒的竖向分布筋③b。沿墙板高度通长布置，不外伸。自墙板边300 mm开始布置，间距为300 mm，与连接灌浆套筒的竖向分布筋③a间隔布置。图3-9中墙板内、外侧均设置3根，共计6根。

（4）墙端端部竖向构造筋③c。距墙板边50 mm，沿墙板高度通长布置，不外伸。每端设置2根，共计4根。

（5）墙体水平分布筋③d。自墙板顶部40 mm处（中心距）开始，间距200 mm布置，共计13道。水平分布筋在墙体两侧各外伸200 mm，同高度处的两根水平分布筋外伸后端部连接形成预留外伸U形筋的形式。

（6）灌浆套筒顶部水平加密筋③f。灌浆套筒顶部以上至少300 mm范围，与墙体水平分布筋间隔设置，形成间距为100 mm的加密区。共设置2道水平加密筋，不外伸，同高度处的两根水平加密筋端部连接做成封闭箍筋形式，箍住最外侧的端部竖向构造筋。

（7）灌浆套筒处水平加密筋③e。自墙板底部80 mm处（中心距）布置一根，在墙体两侧各外伸200 mm，同高度处的两根水平加密筋外伸后端部连接形成预留外伸U形筋的形式。需要注意的是，因灌浆套筒尺寸关系，该处的水平加密筋并不在钢筋网片平面内，其外伸后形成的U形筋端部尺寸与其他水平筋不同。

（8）墙体拉结筋③La。矩形布置，间距为600 mm。墙体高度上自顶部节点向下布置，底部水平筋加密区，因高度不满足2倍的间距要求，实际布置间距变小。在墙体宽度方向上因有端部拉结筋③Lb，自第三列节点开始布置。共计15根。

（9）端部拉结筋③Lb。端部竖向构造筋与墙体水平分布筋交叉点处拉结筋，每节点均设置，两端共计26根。

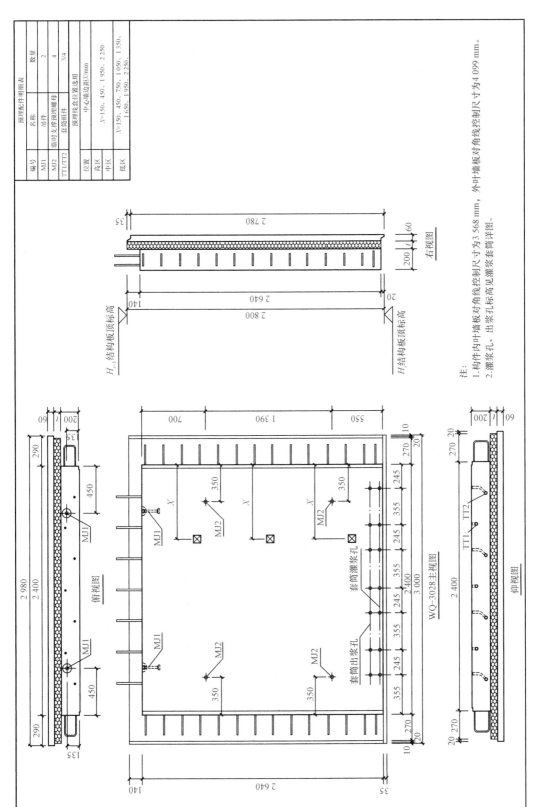

图3-8 预制WQ-3028模板图

注：
1.构件内叶墙板对角线控制尺寸为3 568 mm，外叶墙板对角线控制尺寸为4 099 mm。
2.灌浆孔、出浆孔标高见灌浆套筒详图。

预埋配件明细表

编号	名称	数量
MJ1	吊件	2
MJ2	临时支撑预埋螺母	4
TT1/TT2	套筒组件	3/4
位置	预埋线盒位置选用	
高区	中心墙边距X/mm	
中区	X=150、450、1 950、2 250	
底区	X=150、450、750、1 050、1 350、1 650、1 950、2 250、	

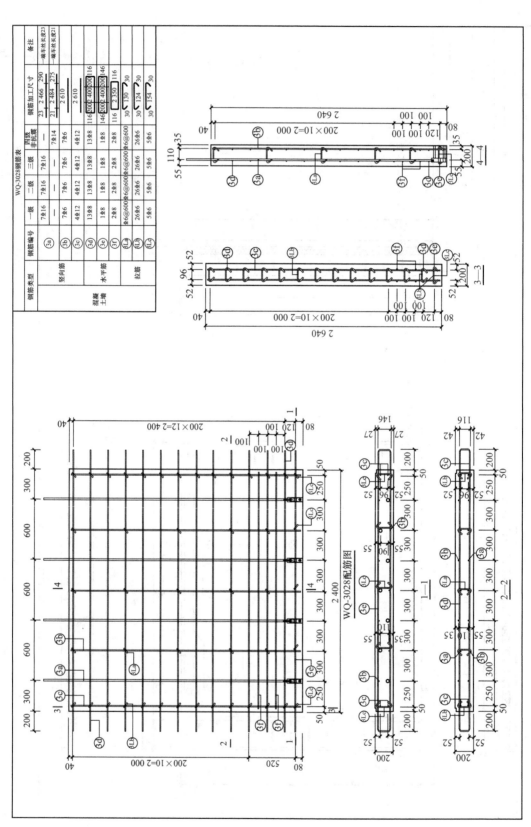

图3-9 预制IWQ-3028配筋图

(10)底部拉结筋③Lc。与灌浆套筒处水平加密筋节点对应的拉结筋，自端节点起，间距不大于 600 mm，共计 5 根。

3. 无洞口外叶墙板详图

无洞口外叶墙板中钢筋采用焊接网片(图 3-10)，间距不大于 150 mm。网片混凝土保护层厚度按 20 mm 计。竖向钢筋距离外叶墙板两侧边 30 mm 开始摆放，顶部水平钢筋距离外叶墙板顶部 65 mm 开始摆放，底部水平钢筋距离外叶墙板底部 35 mm 开始摆放。

二、识读叠合楼板详图

以预制混凝土单向叠合板和双向叠合板为例，进行预制混凝土叠合板的模板图和配筋图识读。通过对给出的预制混凝土叠合板底板模板图和配筋图进行识读，明确叠合板的基本尺寸和配筋情况。

标准图集《桁架钢筋混凝土叠合板(60 mm 厚底板)》(15G366－1)中的叠合板预制底板共有两种类型，分别为预制单向板底板和预制双向板底板。其中，预制双向板底板根据其拼装位置的不同又分为边板和中板。

该图集中的叠合板底板厚度均为 60 mm，后浇混凝土叠合板厚度有 70 mm、80 mm、90 mm 三种。底板混凝土强度等级为 C30。底板钢筋及钢筋桁架的上弦钢筋、下弦钢筋采用 HRB400 级钢筋。钢筋桁架的腹杆钢筋采用 HPB300 级钢筋。

图集中的叠合板底板适用于环境类别为一类的住宅建筑楼、屋面叠合板用的底板(不包含阳台、厨房和卫生间)。图集中剪力墙墙厚为 200 mm，其他墙厚及结构形式可参考使用。

1. 单向叠合板详图识读

图 3-11 所示为宽 1 500 mm 的单向板底板模板及配筋图，以 DBD67-2715-1 为例。

(1)基本尺寸。预制混凝土底板面宽度为 1 500 mm，厚度为 60 mm，长度为 2 700－90×2＝2 520(mm)。预制底板沿宽度方向在侧边及顶面均设置粗糙面，底面为模板面，直接与模板接触。

(2)桁架钢筋。图中④筋为沿着跨度方向布置的两道桁架钢筋，桁架钢筋中心线距离板边 300 mm，桁架钢筋之间距离 600 mm，桁架钢筋端部距离板边 50 mm。桁架筋型号为 A80，上弦杆和下弦杆钢筋规格都为 $\Phi 8$，腹杆钢筋规格为 $\Phi 6$，桁架筋高度为 80 mm。

(3)受力纵筋。图中②筋为沿着跨度方向布置的受力纵筋，钢筋规格为 $\Phi 8@200$，加工尺寸为 2 700 mm，根数为 6 根。

(4)分布钢筋。图中①筋为沿着宽度方向布置的分布钢筋，钢筋规格为 $\Phi 6@200$，加工尺寸为 1 500－2×15＝1 470(mm)，根数为(2 520－2×25－2×60)÷200＋1＝12.75≈13(根)。

(5)端部构造钢筋。图中③筋为沿着宽度方向端部布置的构造钢筋，钢筋规格为 $\Phi 6$，加工尺寸为 1 500－2×15＝1 470(mm)，钢筋根数为 2 根。

(6)吊点图。图 3-12 所示为宽 1 500 mm 单向板吊点设置示意图，从图 3-12(a)中可以看出，该单向板共布置了 4 个吊点，吊点位于桁架筋上距板端 500 mm 处，每个吊点在桁架筋下弦杆上设置 2$\Phi 8$ 的钢筋，钢筋长为 280 mm，桁架筋中心线左右各 140 mm。

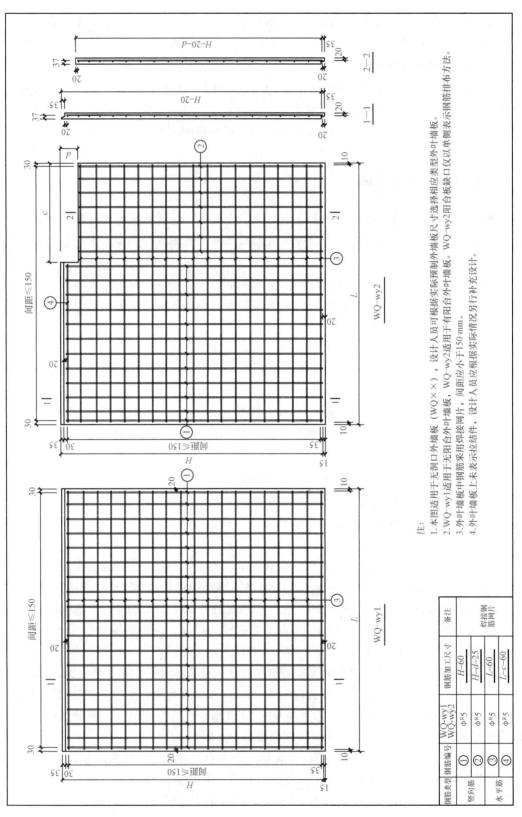

图3-10 外叶墙板详图

注：
1. 本图适用于无洞口外墙板（WQ××），设计人员可根据实际预制外墙板尺寸选择相应类型外叶墙板。
2. WQ-wy1适用于无阳台阴台外叶墙板，WQ-wy2适用于有阳台阴台外叶墙板。WQ-wy2阴台板缺口仅以单侧表示钢筋排布方法。
3. 外叶墙板中钢筋采用焊接网片，间距应小于150 mm。
4. 外叶墙板上未表示拉结件，设计人员应根据实际情况另行补充设计。

钢筋类型	钢筋编号		钢筋加工尺寸	备注
竖向筋	①	WQ-wy1 WQ-wy2 ΦR5	H-60	焊接钢 筋网片
	②	ΦR5	H-d-25	
水平筋	③	ΦR5	L-60	
	④	ΦR5	L-c-60	

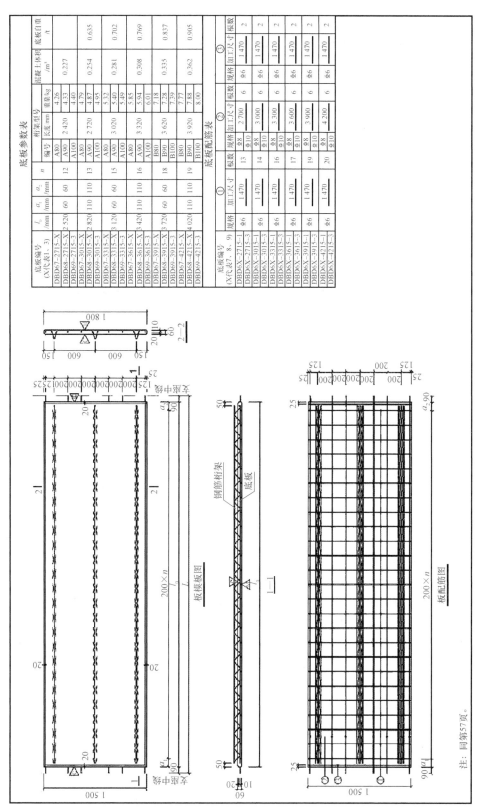

图 3-11 单向板底板模板及配筋图

注：同第57页。

底板参数表

底板编号(X代表1、3)	l_0/mm	a_1/mm	a_2/mm	n	桁架型号编号	长度/mm	重量/kg	混凝土体积/m³	底板自重/t
DBD67-2715-X	2520	60	60	12	A80	2420	4.26	0.227	
DBD68-2715-3					A90		4.33		0.635
DBD69-2715-3					A100		4.40		
DBD67-3015-X	2820	110	110	13	A80	2720	4.79	0.254	
DBD68-3015-3					A90		4.87		0.702
DBD69-3015-3					A100		4.95		
DBD67-3315-X	3120	60	60	15	A80	3020	5.32	0.281	
DBD68-3315-3					A90		5.40		0.769
DBD69-3315-3					A100		5.49		
DBD67-3615-X	3420	110	110	16	A80	3320	5.85	0.308	
DBD68-3615-3					A90		5.94		0.837
DBD69-3615-3					A100		6.01		
DBD67-3915-X	3720	60	60	18	B80	3620	7.18	0.335	
DBD68-3915-3					B90		7.28		0.905
DBD69-3915-3					B100		7.39		
DBD67-4215-X	4020	110	110	19	B80	3920	7.77	0.362	
DBD68-4215-3					B90		7.88		
DBD69-4215-3					B100		8.00		

底板配筋表

底板编号(X代表7、8、9)	① 规格	加工尺寸	根数	② 规格	加工尺寸	根数	③ 规格	加工尺寸	根数
DBD6X-2715-1	Φ6	1470	13	Φ8	2700	6	Φ6	1470	2
DBD6X-2715-3	Φ6	1470	14	Φ10	3000	6	Φ6	1470	2
DBD6X-3015-1	Φ6	1470	16	Φ8	3300	6	Φ6	1470	2
DBD6X-3015-3	Φ6	1470	17	Φ10	3600	6	Φ6	1470	2
DBD6X-3315-1	Φ6	1470	19	Φ8	3900	6	Φ6	1470	2
DBD6X-3315-3	Φ6	1470	20	Φ10	4200	6	Φ6	1470	2

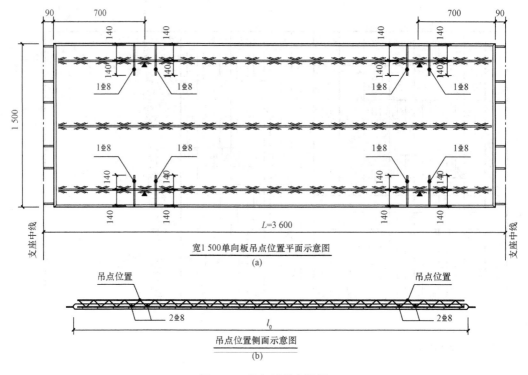

图 3-12　单向板吊点设置

(a)平面示意；(b)侧面示意

2. 双向叠合板边板详图识读

图 3-13 所示为宽 1 500 mm 的双向板边板模板图及配筋图，以 DBS1-67-3015-43 为例。

(1)基本尺寸。预制混凝土底板面宽度为 1 500－90－150＝1 260(mm)，厚度为 60 mm，长度为 3 000－90×2＝2 820(mm)。预制底板四个侧面及顶面均设置粗糙面，底面为模板面，直接和模板接触。

(2)桁架钢筋。图中④筋为沿着跨度方向布置的两道桁架钢筋，桁架钢筋中心线距离板边 330 mm，桁架钢筋之间距离为 600 mm，桁架钢筋端部距离板边为 50 mm。桁架筋型号为 A80，上弦杆和下弦杆钢筋规格都为 Φ8，腹杆钢筋规格为 ϕ6，桁架筋高度为 80 mm。

(3)跨度方向受力纵筋。图中②筋为沿着跨度方向布置的受力纵筋，钢筋规格为 Φ10@150，加工尺寸为 3 000 mm，根数为 7 根。

4)宽度方向受力纵筋。图中①筋为沿着宽度方向布置的受力纵筋，钢筋规格为 Φ8@100，加工尺寸为 1 260＋90＋290＋δ(弯钩平直段长度)＝1 640＋δmm，钢筋根数为(2 820－2×25－80－40)÷100＋1＝27.5≈28(根)。

(5)端部构造钢筋。图中③筋为沿着宽度方向端部布置的构造钢筋，钢筋规格为 Φ6，加工尺寸为 1 260－2×25＝1 210(mm)，钢筋根数为 2 根。

(6)吊点图。图 3-14 所示为宽 1 500 mm 双向板吊点设置示意图，吊点加强筋布置同单向板。

底板参数表

底板编号（X代表1、3）	l_0/mm	a_1/mm	n	桁架编号 编号	桁架编号 长度/mm	桁架编号 质量/kg	混凝土体积/m³	底板自重/t
DBS2-6/-3015-43	2 820	50	27	A80	2 720	4.79 / 4.87	0.203	0.507
DBS2-68-3015-43	3 120	50	30	A90	3 020	5.32 / 5.40	0.225	0.562
DBS2-69-3315-43	3 420	50	33	A100	3 320	5.85 / 5.94	0.246	0.615
DBS2-68-3615-43	3 720	50	36	A90	3 620	6.04 / 7.18	0.268	0.670
DBS2-67-3915-43	4 020	50	39	B80	3 920	7.28 / 7.39	0.289	0.724
DBS2-67-4215-43	4 320	50	42	B90	4 220	7.77 / 7.88	0.311	0.777
DBS2-67-4515-43	4 620	50	45	B90	4 520	8.00 / 8.37	0.333	0.832
DBS2-67-4815-43	4 920	50	48	B80	4 820	8.48 / 8.61	0.354	0.885
DBS2-67-5115-43	5 220	50	51	B100	5 120	8.96 / 9.09	0.376	0.940
DBS2-68-5415-43	5 520	50	54	B90	5 420	9.22 / 9.55	0.397	0.994
DBS2-68-6015-43	5 820	50	57	B100	5 720	9.69 / 9.84	0.419	1.047

底板配筋表

底板编号（X代表7、8、9）	① 规格	① 加工尺寸	① 根数	② 规格	② 加工尺寸	② 根数	③ 规格	③ 加工尺寸	③ 根数
DBS2-6X-3015-43	Φ8	40 1 780 40	28	Φ10	3 000	7	Φ6	1 150	2
DBS2-6X-3315-43	Φ8	40 1 780 40	31	Φ10	3 300	7	Φ6	1 150	2
DBS2-6X-3615-43	Φ8	40 1 780 40	34	Φ10	3 600	7	Φ6	1 150	2
DBS2-6X-3915-43	Φ8	40 1 780 40	37	Φ10	3 900	7	Φ6	1 150	2
DBS2-6X-4215-43	Φ8	40 1 780 40	40	Φ10	4 200	7	Φ6	1 150	2
DBS2-6X-4515-43	Φ8	40 1 780 40	43	Φ10	4 500	7	Φ6	1 150	2
DBS2-6X-4815-43	Φ8	40 1 780 40	46	Φ10	4 800	7	Φ6	1 150	2
DBS2-6X-5115-43	Φ8	40 1 780 40	49	Φ10	5 100	7	Φ6	1 150	2
DBS2-6X-5415-43	Φ8	40 1 780 40	52	Φ10	5 400	7	Φ6	1 150	2
DBS2-6X-5715-43	Φ8	40 1 780 40	55	Φ10	5 700	7	Φ6	1 150	2
DBS2-6X-6015-43	Φ8	40 1 780 40	58	Φ10	6 000	7	Φ6	1 150	2

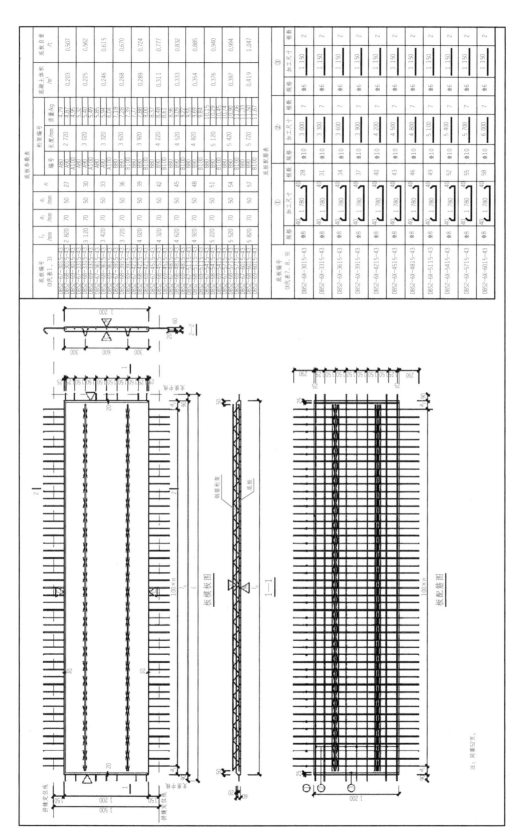

板模板图

1—1

板配筋图

注：同索52页。

图3-13　双向板边板底板模板及配筋图

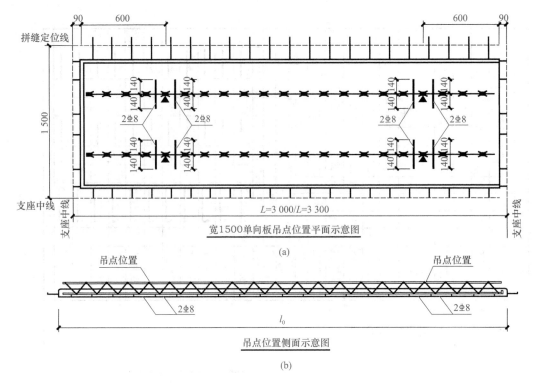

图 3-14 双向板吊点位置示意

(a)平面示意；(b)侧面示意

3. 双向叠合板中板详图识读

图 3-15 所示为宽 1 500 mm 的双向板中板模板图及配筋图，以 DBS2-67-3015-11 为例。

(1)基本尺寸。预制混凝土底板面宽度为 1 500－150－150＝1 200(mm)，厚度为 60 mm，长度为 3 000－90×2＝2 820(mm)。预制底板四个侧面及顶面均设置粗糙面，底面为模板面，直接和模板接触。

(2)桁架钢筋。图中④筋为沿着跨度方向布置的两道桁架钢筋，桁架钢筋中心线距离板边 300 mm，桁架钢筋之间距离 600 mm，桁架钢筋端部距离板边 50 mm。桁架筋型号为 A80，上弦杆和下弦杆钢筋规格都为 Φ8，腹杆钢筋规格为 Φ6，桁架筋高度为 80 mm。

(3)跨度方向受力纵筋。图中②筋为沿着跨度方向布置的受力纵筋，钢筋规格为 Φ8@200，加工尺寸为 3 000 mm，根数为 6 根。

4)宽度方向受力纵筋。图中①筋为沿着宽度方向布置的受力纵筋，钢筋规格为 Φ8@100，加工尺寸为 1 200＋290＋290＋2δ(弯钩平直段长度)＝1 780＋2δ(mm)，钢筋根数为(2 820－2×25－150－70)÷200＋1＝13.75≈14(根)。

(5)端部构造钢筋。图中③筋为沿着宽度方向端部布置的构造钢筋，钢筋规格为 Φ6，加工尺寸为 1 200－2×25＝1 150(mm)，钢筋根数为 2 根。

6)吊点图。吊点加强筋布置同图 3-14。

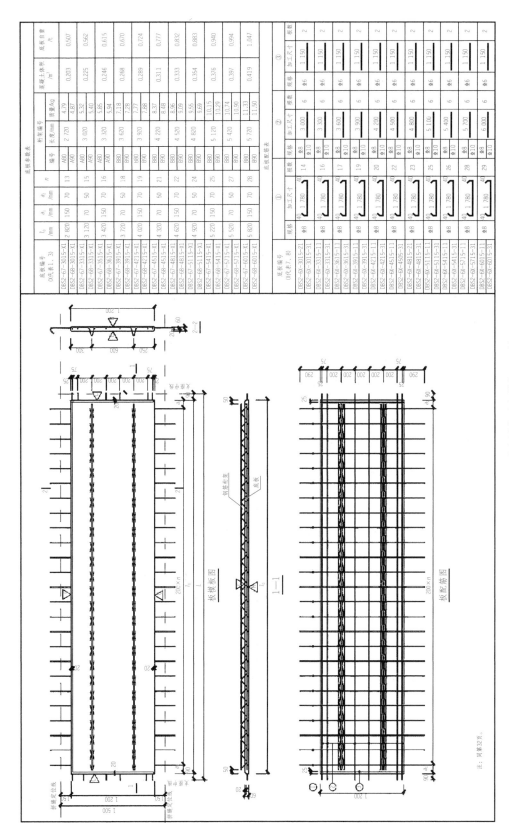

图3-15 双向板中板底板模板及配筋图

注：同第32页。

三、识读楼梯板详图

《预制钢筋混凝土板式楼梯》(15G367－1)图集中的楼梯有双跑楼梯和剪刀楼梯两种类型。楼梯梯段板为预制混凝土构件,平台梁、板可采用现浇混凝土。对应层高有 2.8 m、2.9 m 和 3.0 m。双跑楼梯的楼梯间净宽为 2.4 m、2.5 m,剪刀楼梯的楼梯间净宽为 2.5 m、2.6 m。楼梯入户处建筑面层做法厚度为 50 mm,楼梯平台板处建筑面层厚度为 30 mm。若具体工程项目中预制楼梯尺寸与上述规定不同时,可参考该图集另行设计。

以双跑楼梯 ST-28-25 为例,进行楼梯详图识读。

1. 模板图

图 3-16 所示为双跑楼梯 ST-28-25 的模板图,楼梯间净宽 2 500 mm,其中梯井宽为 110 mm,梯段板宽为 1 195 mm,梯段板与楼梯间外墙间距为 20 mm。梯段板水平投影长为 2 620 mm。梯段板厚为 120 mm。

梯段板设置一个与低处楼梯平台连接的底部平台、七个梯段中间的正常踏步(图纸中编号为 01～07)和一个与高处楼梯平台连接的踏步平台(图纸中编号为 08)。梯段底部平台面宽为 400 mm(因梯段有倾斜角度,平台底宽为 348 mm),长度与梯段宽度相同,厚为 180 mm。顶面与低处楼梯平台顶面建筑面层平齐,搁置在平台挑梁上,与平台顶面间留 30 mm 空隙。平台上设置 2 个销键预留洞,预留洞中心距离梯段板底部平台侧边分别为 100 mm(靠楼梯平台一侧)和 280 mm(靠楼梯间外墙侧),对称设置。预留洞下部 140 mm 厚度范围孔径为 50 mm,上部 40 mm 厚度范围孔径为 60 mm。

梯段中间的 01 至 07 号踏步自下而上排列,踏步高为 175 mm,踏步宽为 260 m,踏步面长度与梯段宽度相同。踏步面上均设置防滑槽。第 01 号、04 号和 07 号踏步台阶靠近梯井侧的侧面各设置 1 个栏杆预留埋件 M3,在踏步宽度上居中设置。第 02 号和 06 号踏步台阶靠近楼梯间外墙一侧的侧面各设置 1 个梯段板吊装预埋件 M2,在踏步宽度上居中设置。第 02 号和 06 号踏步面上各设置 2 个梯段板吊装预埋件 M1,在踏步宽度上居中,距离踏步两侧边(靠楼梯间外墙一侧和靠梯井一侧)200 mm 处对称设置。与高处楼梯平台连接的 08 号踏步平台面宽 400 mm(因梯段有倾斜角度,平台底宽为 192 mm),长为 1 250 mm(靠楼梯间外墙一侧与其他踏步平齐,靠梯井一侧比其他踏步长 55 mm),厚 180 mm。顶面与高处楼梯平台顶面建筑面层平齐,搁置在平台挑梁上,与平台顶面间留 30 mm 空隙。平台上设置 2 个销键预留洞,孔径为 50 mm,预留洞中心距离踏步侧边分别为 100 mm(靠楼梯平台一侧)和 280 mm(靠楼梯间外墙一侧),对称设置。该踏步平台与上一梯段板底部平台搁置在同一楼梯平台的挑梁上,之间留 15 mm 空隙。

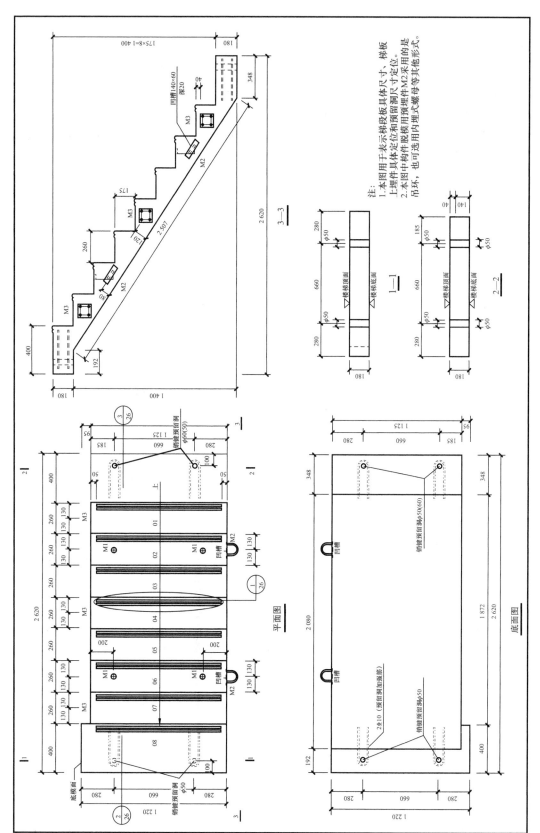

注:
1.本图用于表示梯段板具体尺寸,梯板上埋件具体定位和预留预留孔尺寸定位。
2.本图中构件脱模用预埋件脱模用M2采用的是吊环,也可选用内埋式螺母等其他形式。

图3-16 ST-28-25模板图

2. 配筋图

图 3-17 所示为双跑楼梯 ST-28-25 的配筋图，从图中可以读出以下信息：

(1)下部纵筋①。共 7 根 Φ10，布置在梯段板底部。沿梯段板方向倾斜布置，在梯段板底部平台处弯折成水平向。间距为 200 mm，梯段板宽度上最外侧的两根下部纵筋间距调整为 150 mm，距离板边分别为 50 mm 和 45 mm。

(2)上部纵筋②。共 7 根 Φ8，布置在梯段板顶部。沿梯段板方向倾斜布置，在梯段板底部平台处不弯折，直伸至下部纵筋水平段处。在梯段板宽度上部与下部纵筋对称布置。

(3)上、下分布筋③。共 20 根 Φ8，分别布置在下部纵筋和上部纵筋内侧，与下部纵筋和上部纵筋分别形成网片。仅在梯段倾斜区均匀布置，底部平台和顶部踏步平台处不布置。

单根分布筋两端 90°弯折，弯钩长度为 80 mm，对应的上、下分布筋通过弯钩搭接成封闭状，分布筋位于纵筋内侧，不能称为箍筋。

(4)边缘纵筋④和⑥。共 12 根 Φ12，分别布置在顶部和底部踏步平台处，沿平台长度方向（即梯段宽度方向）。每个平台布置 6 根边缘纵筋，平台上、下边各 3 根，采用类似梁纵筋形式布置。因顶部踏步平台长度较梯段板宽度稍大，其边缘纵筋长度大于底部平台边缘纵筋长度。底部平台边缘纵筋布置在梯段板下部纵筋水平段之上。

(5)边缘箍筋⑤和⑦。共 18 根 Φ8，分别布置在顶部和底部踏步平台处，箍住各自的边缘纵筋。边缘箍筋间距为 150 mm，外侧两道箍筋间距调整为 100 mm，底部平台最外侧箍筋距离边缘 50 mm 和 45 mm，顶部踏步平台最外侧箍筋距离边缘 75 mm。

(6)边缘加强筋⑪和⑫。共 4 根 Φ14，布置在上、下分布筋的弯钩内侧，与梯段板下部纵筋和上部纵筋同向。在梯段板底部平台处均弯折成水平向，与梯段板下部纵筋水平段同层。上部边缘加强筋在顶部踏步平台处弯折成水平向。

(7)吊点加强筋⑨和⑩。4 个吊件 M1 处设置吊点加强筋，每个吊点中心线左、右两侧 50 mm 处各布置 1 根⑨筋，共 8 根 Φ8。垂直于⑨筋的交点处设置⑩筋，共 2 根 Φ8。

(8)销键预留洞加强筋⑧。4 个销键预留洞处设置 2 根 U 型洞口加强筋，布置在边缘纵筋内侧，水平布置。

3. 安装图

图 3-18 所示为双跑楼梯 ST-28-25 安装图，梯段板和楼梯间墙体间预留 20 mm 宽缝隙，梯段板之间预留 15 mm 宽缝隙，梯段板和平台梯梁通过预留锚栓及洞口灌浆进行连接。

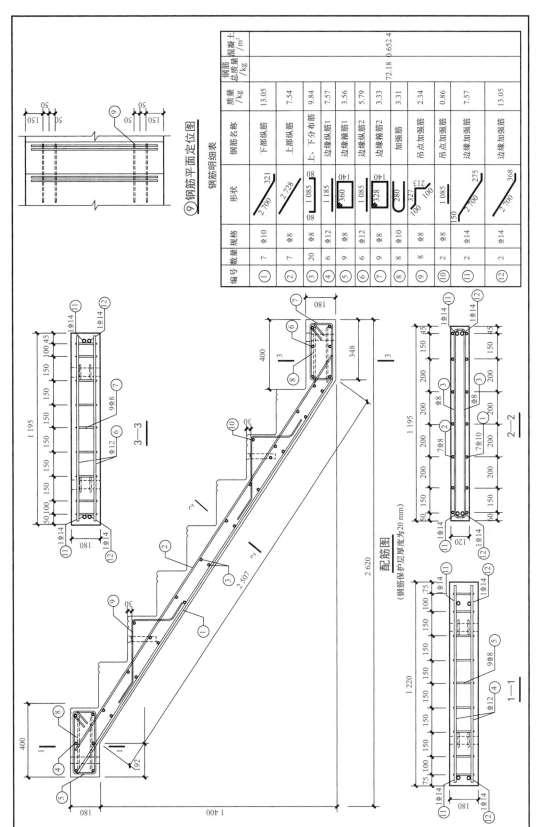

钢筋明细表

编号	数量	规格	形状	钢筋名称	质量/kg	钢筋总质量/kg	混凝土/m³
①	7	Φ10		下部纵筋	13.05		
②	7	Φ8		上部纵筋	7.54		
③	20	Φ8		上、下分布筋	9.84		
④	6	Φ12		边缘纵筋1	7.57		
⑤	9	Φ8		边缘箍筋1	3.56	72.18	0.6524
⑥	6	Φ12		边缘纵筋2	5.79		
⑦	9	Φ8		边缘箍筋2	3.33		
⑧	8	Φ10		加强筋	3.31		
⑨	8	Φ8		吊点加强筋	2.34		
⑩	2	Φ8		吊点加强筋	0.86		
⑪	2	Φ14		边缘加强筋	7.57		
⑫	2	Φ14		边缘加强筋	13.05		

⑨ 钢筋平面定位图

配筋图
（钢筋保护层厚度为20 mm）

图 3-17 ST-28-25 配筋图

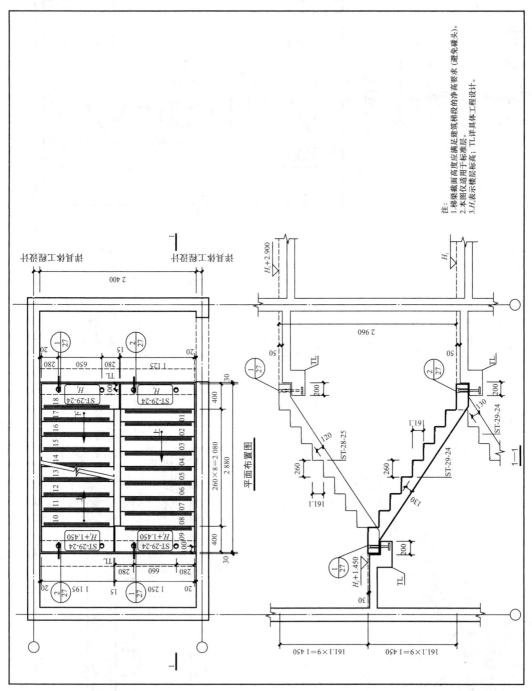

图 3-18 ST-28-25安装图

四、识读阳台板、空调板及女儿墙详图

1. 识读阳台板详图

《预制钢筋混凝土阳台板、空调板及女儿墙》(15G368—1)图集中涉及的预制阳台板类型有叠合板式阳台、全预制板式阳台、全预制梁式阳台。本书以翻边高度为 400 mm 的预制叠合板式阳台为例进行模板图和配筋图的识读。

(1)模板图。图 3-19 所示为叠合板式阳台的模板图。阳台宽度为 b_0，阳台长度为 l，预制阳台板在内叶墙上的搁置长度为 10 mm，阳台板上设有 1 个 $\phi150$ 落水管预留孔、1 个 $\phi100$ 地漏预留孔及 1 个接线盒，阳台设有 4 个吊点。阳台翻边高度为 400 mm，翻边宽度为 150 mm，预制阳台底板厚为 60 mm。

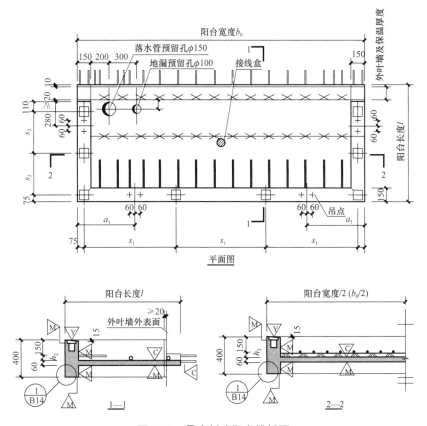

图 3-19 叠合板式阳台模板图

(2)配筋图。图 3-20 所示为叠合板式阳台的配筋图。从图 3-20 和表 3-12 可以看出，翻边高度为 400 mm 的预制叠合板式阳台的配筋主要有以下几种：

①筋：板面沿着长度方向锚入翻边的纵筋，伸至翻边外侧并向下弯折 15d，从翻边边缘挑出长度为 320 mm。

③筋：板底沿着长度方向布置的纵筋，一端伸至翻边外侧并向下弯折 15d，另一端从底板边缘挑出长度≥12d，且至少伸至支座中线。

④筋：板底沿着宽度方向布置的纵筋，两端均伸至翻边外侧并向上弯折 $15d$。

⑤筋：长度方向翻边上部纵筋，一端伸至宽度方向翻边外侧并向下弯折 $15d$，另一端端部扣除保护层厚度即可。

⑥筋：长度方向翻边下部纵筋，一端伸至宽度方向翻边外侧并向上弯折 $15d$，另一端端部扣除保护层厚度即可。

⑧筋：长度方向翻边箍筋，箍筋尺寸为翻边尺寸扣除两侧保护层。

⑨筋：宽度方向翻边上部纵筋，两端均伸至翻边外侧并向下弯折 $15d$。

⑩筋：宽度方向翻边下部纵筋，两端均伸至翻边外侧并向上弯折 $15d$。

⑫筋：宽度方向翻边箍筋，箍筋尺寸为翻边尺寸扣除两侧保护层。

⑯筋：预制底板在长度方向翻边范围内的板上部纵筋，总长为 $400\,\mathrm{mm}$，从底板边缘挑出长度 $\geqslant 12d$，且至少伸至支座中线。

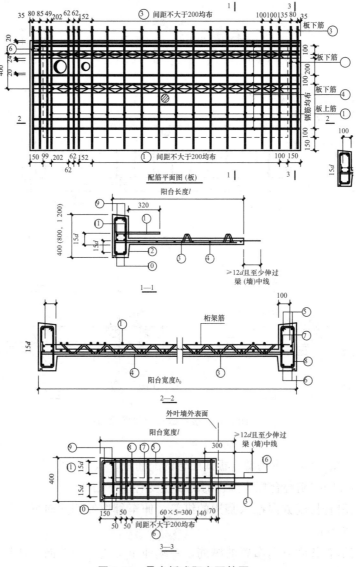

图 3-20　叠合板式阳台配筋图

表 3-12　叠合板式阳台预制底板配筋表

构件编号	① 规格	① 加工尺寸	① 根数	③ 规格	③ 加工尺寸	③ 根数	④ 规格	④ 加工尺寸	④ 根数	⑤ 规格	⑤ 加工尺寸	⑤ 根数	⑥ 规格	⑥ 加工尺寸	⑥ 根数	⑧ 规格	⑧ 加工尺寸	⑧ 根数	⑨ 规格	⑨ 加工尺寸	⑨ 根数	⑩ 规格	⑩ 加工尺寸	⑩ 根数	⑫ 规格	⑫ 加工尺寸	⑫ 根数	⑬ 规格	⑬ 加工尺寸	⑬ 根数
YTB-D-1024-04	φ8	445 / 120	11	φ8	1085 / 120	18	φ10	2330 / 150 / 150	7	φ12	≈800 / 180	4	φ12	≈800 / 180	4	φ6	350 / 100	22	φ12	2330 / 180 / 180	2	φ12	2330 / 180 / 180	2	φ6	350 / 100	2	φ8	400	21
YTB-D-1027-04	φ8	445 / 120	13	φ8	1085 / 120	19	φ10	2630 / 180	7	φ12	≈800 / 180	4	φ12	≈800 / 180	4	φ6	350 / 100	22	φ12	2630 / 180 / 180	2	φ12	2630 / 180 / 180	2	φ6	350 / 100	2	φ8	400	23
YTB-D-1030-04	φ8	445 / 120	14	φ8	1085 / 120	21	φ10	2930 / 150 / 180	7	φ12	≈800 / 180	4	φ12	≈800 / 180	4	φ6	350 / 100	22	φ12	2930 / 180 / 180	2	φ12	2930 / 180 / 180	2	φ6	350 / 100	2	φ8	400	25
YTB-D-1033-04	φ8	445 / 120	16	φ8	1085 / 120	22	φ10	3230 / 180	7	φ12	≈800 / 180	4	φ12	≈800 / 180	4	φ6	350 / 100	22	φ12	3230 / 180 / 180	2	φ12	3230 / 180 / 180	2	φ6	350 / 100	2	φ8	400	26
YTB-D-1036-04	φ8	445 / 120	17	φ8	1085 / 120	24	φ10	3530 / 180	7	φ12	≈800 / 180	4	φ12	≈800 / 180	4	φ6	350 / 100	22	φ12	3530 / 180 / 180	2	φ12	3530 / 180 / 180	2	φ6	350 / 100	2	φ8	400	28
YTB-D-1039-04	φ8	445 / 120	19	φ8	1085 / 120	25	φ10	3830 / 180	7	φ12	≈800 / 180	4	φ12	≈800 / 180	4	φ6	350 / 100	22	φ12	3830 / 180 / 180	2	φ12	3830 / 180 / 180	2	φ6	350 / 100	2	φ8	400	29
YTB-D-1042-04	φ8	445 / 120	20	φ8	1085 / 120	27	φ10	4130 / 180	7	φ12	≈800 / 180	4	φ12	≈800 / 180	4	φ6	350 / 100	22	φ12	4130 / 180 / 180	2	φ12	4130 / 180 / 180	2	φ6	350 / 100	2	φ8	400	31
YTB-D-1045-04	φ8	445 / 120	22	φ8	1085 / 120	28	φ10	4430 / 180	7	φ12	≈800 / 180	4	φ12	≈800 / 180	4	φ6	350 / 100	22	φ12	4430 / 180 / 180	2	φ12	4430 / 180 / 180	2	φ6	350 / 100	2	φ8	400	32

2. 识读空调板详图

预制空调板标高按照板顶结构标高和楼板板顶结构标高一致进行设计。预制空调板长度＝预制空调板挑出长度＋10 mm，挑出长度从剪力墙外表面起算，预制空调板厚度取80 mm。

(1)模板图。图 3-21 所示为预制空调板模板图。预制钢筋混凝土空调板的吊件可根据相应的标准和规范进行设计，当采用普通吊环作为吊件时，吊环应采用 HPB300 级钢筋制作，严禁采用冷加工钢筋，吊点可设置为两个，位置如图 3-21 所示。预制钢筋混凝土空调板所用铁艺栏杆的预埋件宜采用 Q235-B 钢材，也可采用其他材料的预埋件。选用预制钢筋混凝土空调板时，排水孔数量、位置、尺寸由具体设计确定。预制钢筋混凝土空调板安装后，在建筑面层施工时需要增加适当的坡度以利于排水，低端在排水孔一侧，坡度由具体设计确定。

(2)配筋图。图 3-22 所示为预制空调板配筋图。从图中可以看出，预制空调板作为悬臂构件，配筋主要有以下几种：

①筋：预制空调板面沿着长度方向布置的纵筋，两端均向下弯折 $5d$，钢筋挑出长度≥$1.1l_a$，伸入主体结构后浇层，并与主体结构梁板钢筋可靠绑扎浇筑成整体。

②筋：预制空调板面沿着宽度方向布置的纵筋，位于①筋内侧，两端均向下弯折 $5d$。

3. 识读女儿墙详图

《预制钢筋混凝土阳台板、空调板及女儿墙》(15G368-1)图集中预制女儿墙包括夹心保温式女儿墙和非保温式女儿墙两种，本书介绍预制非保温式女儿墙。

预制女儿墙设计高度为从屋顶结构标高起算，到女儿墙压顶的顶面为止。即实际高度＝女儿墙墙体高度＋女儿墙压顶高度＋接缝高度。预制女儿墙长度可根据实际需求进行长度选择，图集中预制女儿墙直板尺寸编制了开间为 3 000、3 300、3 600、3 900、4 200、4 500、4 800(mm)七种尺寸，预制女儿墙转角板尺寸编制了开间为 2 400、2 700、3 000、3 300、3 600、3 900、4 200(mm)七种尺寸。

(1)预制非保温女儿墙墙身模板图。预制钢筋混凝土女儿墙板中埋件主要有四种：M1——调节标高用埋件；M2——吊装用埋件、脱膜斜撑用埋件；M3——板板连接用埋件、模板拉结用埋件；M4——后装栏杆用埋件。面层施工时需要增加适当的坡度以利于排水，低端在排水孔一侧，坡度由具体设计确定。

图 3-23 所示为预制非保温式女儿墙墙身模板图。其中图 3-23(a)所示为非保温式女儿墙墙身模板图(直板)；图 3-23(b)所示为非保温式女儿墙墙身模板图(转角板)。以图 3-23(a)中 NEQ-Q1-3006 为例进行模板图识读，该女儿墙适用于开间尺寸为 3 000 mm，每一片女儿墙板的长度为 3 000-10×2＝2 980(mm)，女儿墙板厚度为 160 mm，女儿墙板高度为 450 mm，女儿墙板连接区段长度为 290 mm，连接区段范围内预制外模板厚为 100 mm，螺纹盲孔居中设置 1 个，距离女儿墙内侧边缘 1 200 mm；模板拉结用埋件和板板连接用埋件共 6 个，一侧 3 个，距离女儿墙外侧边缘 70 mm，吊装用埋件和脱膜斜撑用埋件共 4 个，一侧 2 个，距离女儿墙外侧边缘 440 mm 和 560 mm；调节标高用埋件共 2 个，分别距离女儿墙外侧边缘 600 mm。

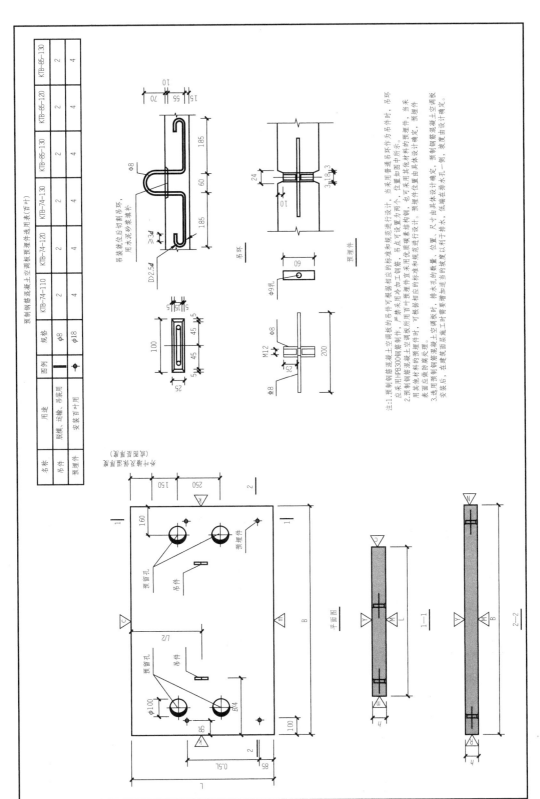

图3-21 预制空调板模板图

预制钢筋混凝土空调板配筋表

预制空调板编号	① 规格	① 加工尺寸/mm	① 根数	② 规格	② 加工尺寸/mm	② 根数
KTB-63-110	Φ8	40 918 40	7	Φ6	40 1060 40	4
KTB-63-120	Φ8	40 918 40	7	Φ6	40 1160 40	4
KTB-63-130	Φ8	40 918 40	8	Φ6	40 1260 40	4
KTB-73-110	Φ8	40 1018 40	7	Φ6	40 1060 40	5
KTB-73-120	Φ8	40 1018 40	7	Φ6	40 1160 40	5
KTB-73-130	Φ8	40 1018 40	8	Φ6	40 1260 40	5
KTB-74-110	Φ8	40 1028 40	7	Φ6	40 1060 40	5
KTB-74-120	Φ8	40 1028 40	7	Φ6	40 1160 40	5
KTB-74-130	Φ8	40 1028 40	8	Φ6	40 1260 40	5
KTB-84-110	Φ8	40 1128 40	7	Φ6	40 1060 40	5
KTB-84-120	Φ8	40 1128 40	7	Φ6	40 1160 40	5
KTB-84-130	Φ8	40 1128 40	8	Φ6	40 1260 40	5

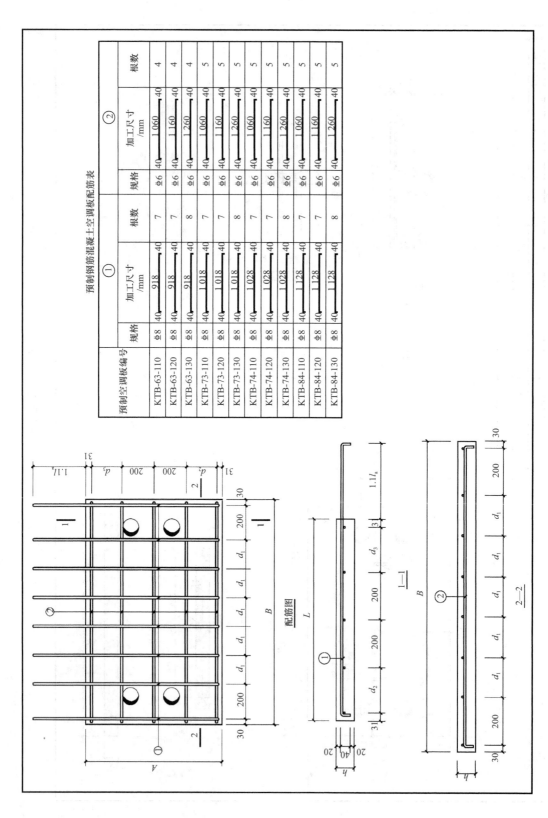

图 3-22 预制空调板配筋图

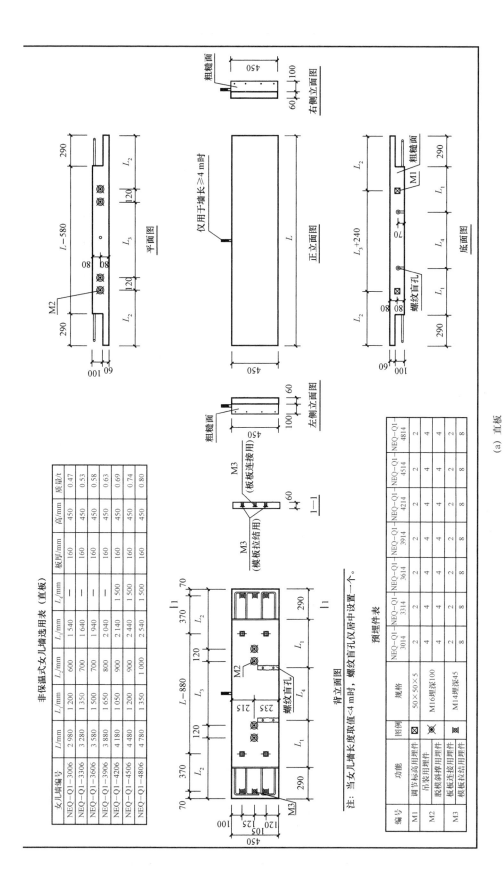

非保温式女儿墙选用表（直板）

女儿墙编号	L/mm	L_1/mm	L_2/mm	L_3/mm	板厚/mm	高/mm	质量/t
NEQ-Q1-3006	2 980	1 200	600	1 540	—	160	450	0.47
NEQ-Q1-3306	3 280	1 350	700	1 640	—	160	450	0.53
NEQ-Q1-3606	3 580	1 500	700	1 940	—	160	450	0.58
NEQ-Q1-3906	3 880	1 650	800	2 040	—	160	450	0.63
NEQ-Q1-4206	4 180	1 050	900	2 140	1 500	160	450	0.69
NEQ-Q1-4506	4 480	1 200	900	2 440	1 500	160	450	0.74
NEQ-Q1-4806	4 780	1 350	1 000	2 540	1 500	160	450	0.80

注：当女儿墙长度取值<4 m时，螺纹盲孔仅居中设置一个。

预埋件表

编号	功能	图例	规格	NEQ-Q1-3014	NEQ-Q1-3314	NEQ-Q1-3614	NEQ-Q1-3914	NEQ-Q1-4214	NEQ-Q1-4514	NEQ-Q1-4814
M1	调节标高用埋件	⊠	50×50×5	2	2	2	2	2	2	2
M2	吊装斜撑用埋件	⊗	M16埋深100	4	4	4	4	4	4	4
	脱模斜撑用埋件			4	4	4	4	4	4	4
M3	板板连接用埋件	⊠	M14埋深45	2	2	2	2	2	2	2
	模板拉结用埋件			8	8	8	8	8	8	8

（a）直板

图3-23　预制非保温式女儿墙墙身模板图

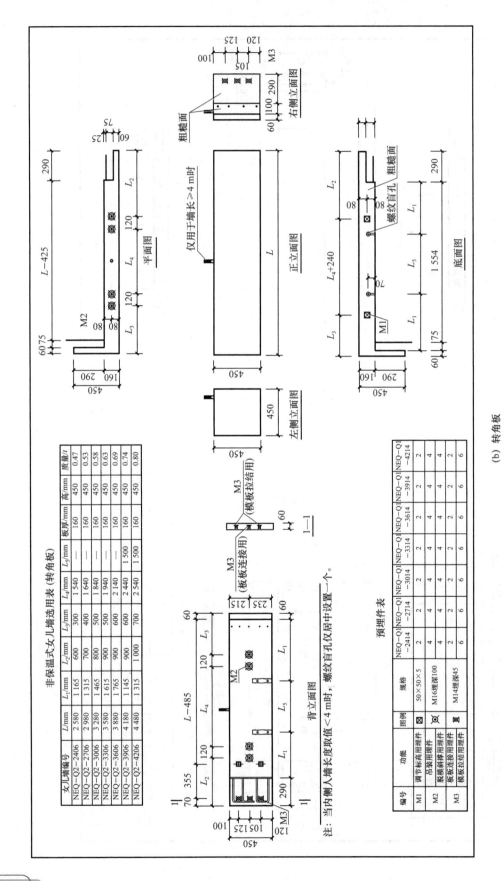

图 3-23 预制非保温式女儿墙墙身模板图（续）

(b) 转角板

非保温式女儿墙选用表（转角板）

女儿墙编号	L/mm	L₁/mm	L₂/mm	L₃/mm	L₄/mm	L₅/mm	板厚/mm	高/mm	质量/t
NEQ-Q2-2406	2 580	1 165	600	300	1 540	—	160	450	0.47
NEQ-Q2-2706	2 980	1 315	700	400	1 640	—	160	450	0.53
NEQ-Q2-3006	3 280	1 465	800	500	1 840	—	160	450	0.58
NEQ-Q2-3306	3 580	1 615	900	500	1 940	—	160	450	0.63
NEQ-Q2-3606	3 880	1 765	900	600	2 140	—	160	450	0.69
NEQ-Q2-3906	4 180	1 145	900	600	2 440	1 500	160	450	0.74
NEQ-Q2-4206	4 480	1 315	1 000	700	2 540	1 500	160	450	0.80

注：当内侧伸入墙长度<4 m时，螺纹盲孔仅居中设置一个。

预埋件表

编号	功能	图例	规格	NEQ-Q1-2414	NEQ-Q1-2714	NEQ-Q1-3014	NEQ-Q1-3314	NEQ-Q1-3614	NEQ-Q1-3914	NEQ-Q1-4214
M1	调节标高用埋件	⊠	50×50×5	2	2	2	4	4	4	2
M2	吊装用埋件	⊗	M16埋深100	4	4	4	4	4	4	4
	脱模斜撑用埋件			2	2	2	2	2	2	2
	板板连接用埋件			2	2	2	2	2	2	2
M3	模板拉结用埋件	⊠	M14埋深45	6	6	6	6	6	6	6

（2）预制非保温女儿墙墙身配筋图。图 3-24 所示为预制非保温式女儿墙墙身配筋图，以转角板 NEQ-Q2-2406 为例，进行配筋图识读。转角板配筋主要有以下几种：

①筋：预制女儿墙墙身的内、外侧竖向钢筋，直径为 8 mm，长度为 $450-20-20=410(\text{mm})$；

②筋：预制女儿墙墙身的内侧水平钢筋，直径为 8 mm，两端分别向下弯锚 $15d=120(\text{mm})$；

③筋：预制女儿墙墙身的外侧水平钢筋，直径为 8 mm，沿着转角墙 L 形分布；

④筋：转角处预埋连接钢筋，直径为 6，弯锚 $15d=120$ mm；

⑤筋：墙长≥4 m 时，墙顶部预埋竖向钢筋。该墙长为 2 380 mm，所以未设置。

（3）识读女儿墙压顶模板图及配筋图。图 3-25 所示为预制非保温式女儿墙压顶模板图及配筋图。图 3-25（a）所示为直板，图 3-25（b）所示为转角板，以直板 NEQ-Q1-3006 为例，进行压顶模板图和配筋图识读。

1）模板图。压顶宽为 450 mm，外侧高为 100 mm，内侧高为 110 mm，压顶底部设有泛水收口预留槽和滴水槽。压顶两侧各设内凹 60 的螺纹贯通孔 2 个，当墙长≥4 m 时，压顶中间增设 1 个螺纹贯通孔，两侧螺纹孔中心距离压顶外侧边缘 250 mm，中间螺纹孔中心距离压顶外侧边缘 170 mm，螺纹贯通孔孔径为 80 mm，如图 3-26 所示。

压顶设脱膜吊装用埋件共 4 个 M16，埋深为 100 mm。设后装栏杆用埋件 3 个 $80\times80\times6$ 的铁件。

2）配筋图。压顶采用单层配筋，配筋主要有以下几种：

①筋：压顶面沿着长度方向布置的纵筋，3 根直径为 6 mm，长度为 $3\ 000-10-10-20-20=2\ 940(\text{mm})$。

②筋：压顶面垂直于长度方向布置的纵筋，位于①筋外侧，长度为 $450-20-20=410(\text{mm})$，间距≤200 mm，根数为 $2\ 900\div200+1=16(\text{根})$。

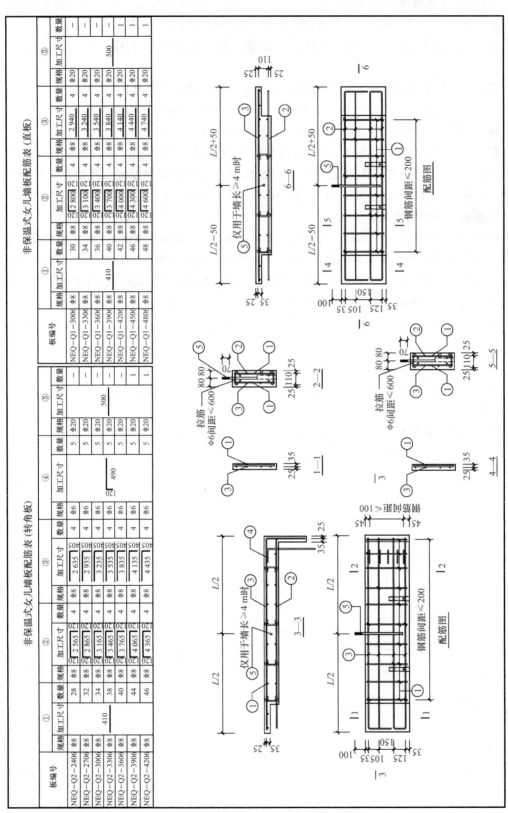

图 3-24　预制非保温式女儿墙墙身配筋图

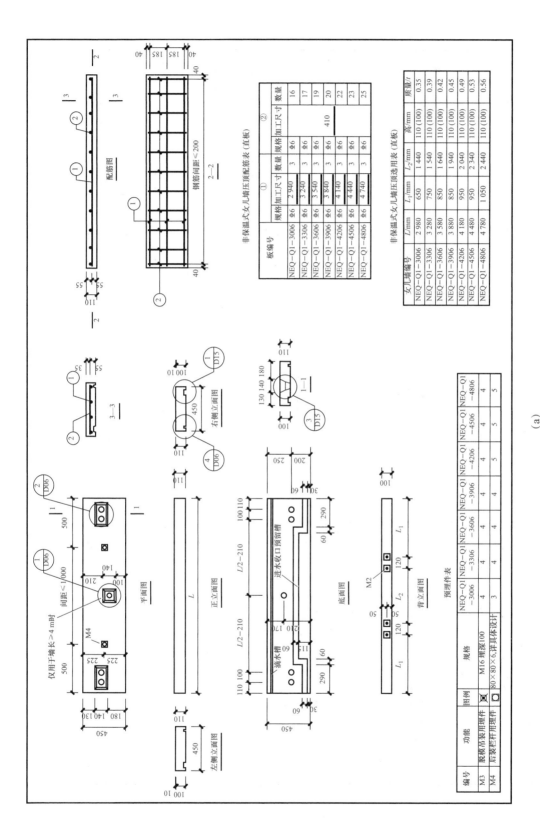

非保温式女儿墙压顶配筋表（直板）

板编号	①			②			
	规格	加工尺寸	数量	规格	加工尺寸	数量	
NEQ~Q1-3006	Φ6	2 940	3	Φ6		16	
NEQ~Q1-3306	Φ6	3 240	3	Φ6		17	
NEQ~Q1-3606	Φ6	3 540	3	Φ6		19	
NEQ~Q1-3906	Φ6	3 840	3	Φ6	410	20	
NEQ~Q1-4206	Φ6	4 140	3	Φ6		22	
NEQ~Q1-4506	Φ6	4 440	3	Φ6		23	
NEQ~Q1-4806	Φ6	4 740	3	Φ6		25	

非保温式女儿墙压顶选用表（直板）

女儿墙编号	L/mm	L_1/mm	L_2/mm	高/mm	质量/t
NEQ~Q1-3006	2 980	650	1 440	110 (100)	0.35
NEQ~Q1-3306	3 280	750	1 540	110 (100)	0.39
NEQ~Q1-3606	3 580	850	1 640	110 (100)	0.42
NEQ~Q1-3906	3 880	850	1 940	110 (100)	0.45
NEQ~Q1-4206	4 180	950	2 040	110 (100)	0.49
NEQ~Q1-4506	4 480	950	2 340	110 (100)	0.53
NEQ~Q1-4806	4 780	1 050	2 440	110 (100)	0.56

预埋件表

编号	功能	图例	规格	NEQ~Q1 -3006	NEQ~Q1 -3306	NEQ~Q1 -3606	NEQ~Q1 -3906	NEQ~Q1 -4206	NEQ~Q1 -4506	NEQ~Q1 -4806
M3	脱模吊装用埋件	▨	M16 埋深100	4	4	4	4	4	4	4
M4	后装栏杆用埋件	▢	80×80×6,详具体设计	3	4	4	4	5	5	5

(a)

图 3-25 预制非保温式女儿墙压顶模板图及配筋图

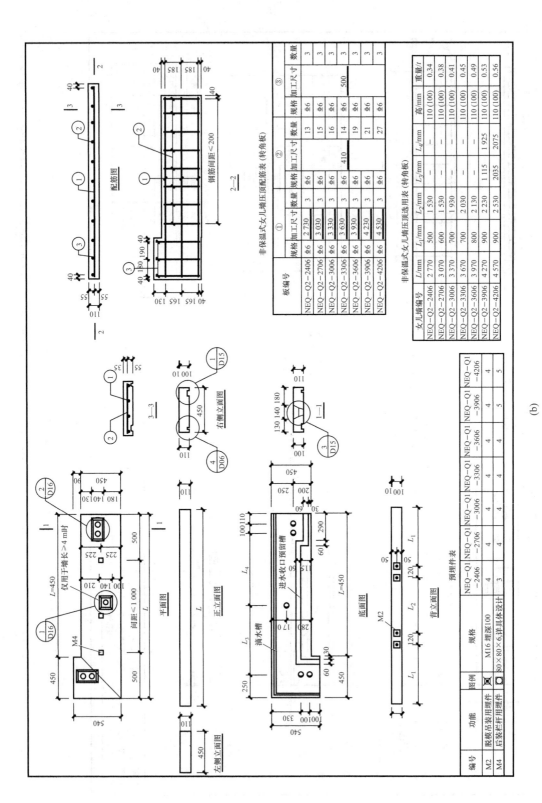

非保温式女儿墙压顶配筋表（转角板）

板编号	①				②				③		
	规格	加工尺寸	数量		规格	加工尺寸	数量		规格	加工尺寸	数量
NEQ-Q2-2406	Φ6	2 730	3		Φ6		13		Φ6		3
NEQ-Q2-2706	Φ6	3 030	3		Φ6		15		Φ6		3
NEQ-Q2-3006	Φ6	3 330	3		Φ6	410	16		Φ6		3
NEQ-Q2-3306	Φ6	3 630	3		Φ6		14		Φ6	500	3
NEQ-Q2-3606	Φ6	3 930	3		Φ6		19		Φ6		3
NEQ-Q2-3906	Φ6	4 230	3		Φ6		21		Φ6		3
NEQ-Q2-4206	Φ6	4 530	3		Φ6		27		Φ6		3

非保温式女儿墙压顶选用表（转角板）

女儿墙编号	L/mm	L_1/mm	L_2/mm	L_3/mm	L_4/mm	高/mm	重量/t
NEQ-Q2-2406	2 770	500	1 530	—	—	110 (100)	0.34
NEQ-Q2-2706	3 070	600	1 530	—	—	110 (100)	0.38
NEQ-Q2-3006	3 370	700	1 930	—	—	110 (100)	0.41
NEQ-Q2-3306	3 670	700	2 030	—	—	110 (100)	0.45
NEQ-Q2-3606	3 970	800	2 130	—	—	110 (100)	0.49
NEQ-Q2-3906	4 270	900	2 230	1 115	1 925	110 (100)	0.53
NEQ-Q2-4206	4 570	900	2 530	2 035	2 075	110 (100)	0.56

预埋件表

编号	功能	图例	规格	NEQ-Q1-2406	NEQ-Q1-2706	NEQ-Q1-3006	NEQ-Q1-3306	NEQ-Q1-3606	NEQ-Q1-3906	NEQ-Q1-4206
M2	脱模吊装用埋件	▨	M16 埋深100	4	4	4	4	4	4	4
M4	后装栏杆用埋件	□	80×80×6,详具体设计	3	4	4	5	4	5	5

(b)

图 3-25 预制非保温式女儿墙压顶模板图及配筋图（续）

(a) 直板；(b) 转角板

78

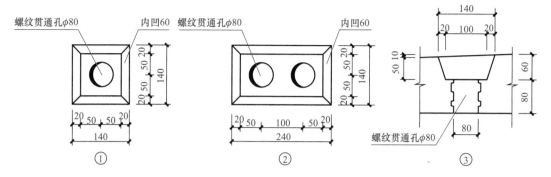

图 3-26　预制非保温式女儿墙压顶螺纹贯通孔构造

任务三　识读构件连接节点详图

>> **学习内容**

（1）识读预制剪力墙板连接节点详图；

（2）识读预制叠合楼板连接节点详图；

（3）识读预制楼梯板连接节点详图；

（4）识读预制阳台板、空调板及女儿墙连接节点详图。

>> **知识拓展**

一、识读预制剪力墙板连接节点详图

1. 预制剪力墙间竖向接缝构造

（1）预制剪力墙间竖向接缝构造。装配整体式剪力墙结构中预制剪力墙之间的连接采用湿式连接，通过在连接区段配置钢筋和后浇混凝土进行连接。其可分为无附加连接钢筋和有附加连接钢筋两种形式。

1）无附加连接钢筋连接构造。无附加连接钢筋连接构造可以通过预留直线钢筋搭接、预留弯钩钢筋搭接、预留 U 形钢筋连接和预留半圆形钢筋连接等。连接钢筋构造要求如图 3-27 所示。

2）有附加连接钢筋连接构造。有附加连接钢筋连接构造可以通过附加封闭连接钢筋、附加弯钩连接钢筋与预留 U 形钢筋或预留弯钩钢筋进行连接。连接钢筋构造要求如图 3-28 所示。也可以通过附加长圆环连接钢筋与预留半圆形钢筋进行连接。

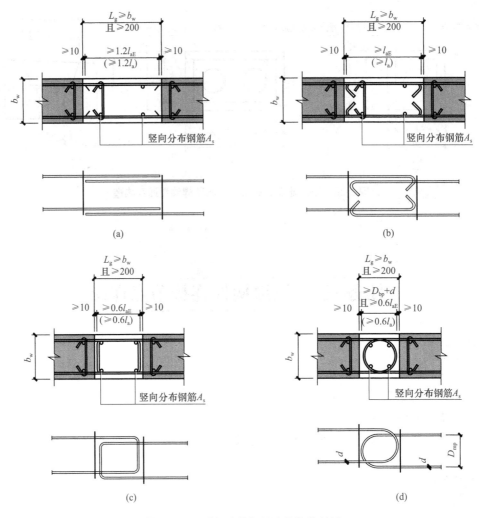

图 3-27　无附加连接钢筋连接构造(续)

(a)预留直线钢筋搭接；(b)预留弯钩钢筋搭接；(c)预留 U 形钢筋连接；(d)预留半圆形钢筋连接

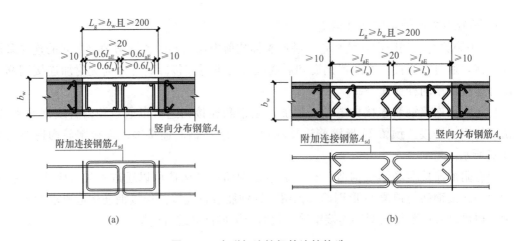

图 3-28　有附加连接钢筋连接构造

(a)附加封闭连接钢筋；(b)附加弯钩连接钢筋

(2)预制墙与后浇边缘构件的竖向接缝构造。装配整体式剪力墙结构中边缘构件宜现浇，预制剪力墙和现浇边缘构件之间的接缝主要通过设置预留长 U 形钢筋、附加连接钢筋、边缘构件竖向钢筋、边缘构件箍筋及后浇混凝土形成整体。

1)预制墙与边缘暗柱的竖向接缝构造。如图 3-29 所示，预制墙与后浇边缘暗柱之间的竖向接缝构造有预留长 U 形钢筋[图 3-29(a)]、预留 U 形预制墙与边缘暗柱的竖向接缝筋和附加连接钢筋[图 3-29(b)]、预留直线筋和附加连接钢筋[图 3-29(c)]、预留带弯钩钢筋和附加连接钢筋[图 3-29(d)]。

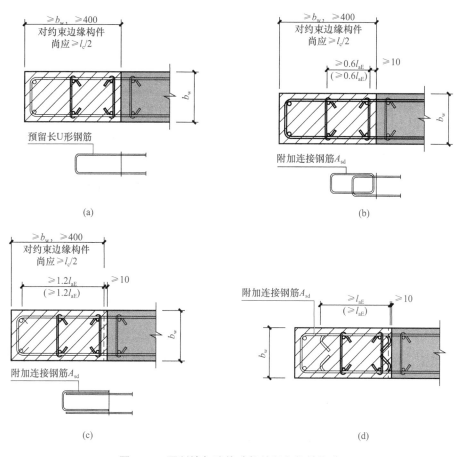

图 3-29 预制墙与边缘暗柱的竖向接缝构造

(a)预制墙与边缘暗柱的竖向接缝(一)；(b)预制墙与边缘暗柱的竖向接缝(二)；
(c)预制墙与边缘暗柱的竖向接缝(三)；(d)预制墙与边缘暗柱的竖向接缝(四)

2)预制墙与端柱的竖向接缝构造。端柱可分为约束边缘端柱和构造边缘端柱。预制墙与构造边缘端柱的竖向接缝构造如图 3-30 所示，预制墙与约束边缘端柱的竖向接缝构造如图 3-31 所示。

预制墙在转角处的竖向接缝构造及预制墙在有翼墙处的竖向接缝构造原理和上述端柱及暗柱基本相同。

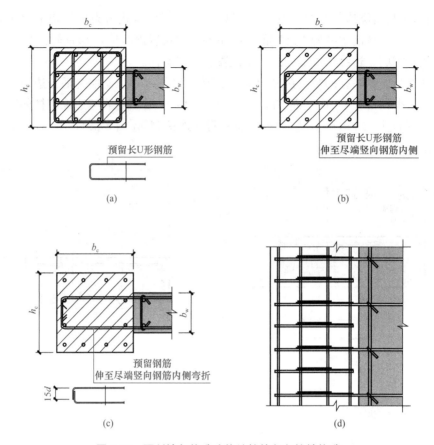

图 3-30 预制墙与构造边缘端柱的竖向接缝构造

(a)预制墙与构造边缘端柱的竖向接缝（一）；（b)预制墙与构造边缘端柱的竖向接缝（二）；

（c)预制墙与构造边缘端柱的竖向接缝（三）；（d)预制墙与构造边缘端柱的竖向接缝立面

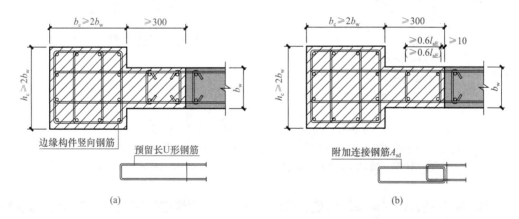

图 3-31 预制墙与约束边缘端柱的竖向接缝构造

(a)预制墙与约束边缘端柱的竖向接缝（一）；（b)预制墙与约束边缘端柱的竖向接缝（二）

2. 预制剪力墙水平接缝构造

在楼层处，上层预制剪力墙底和本层剪力墙的墙顶部及楼层叠合梁板等构件要进行连接。连接构造要求如图 3-32 所示。

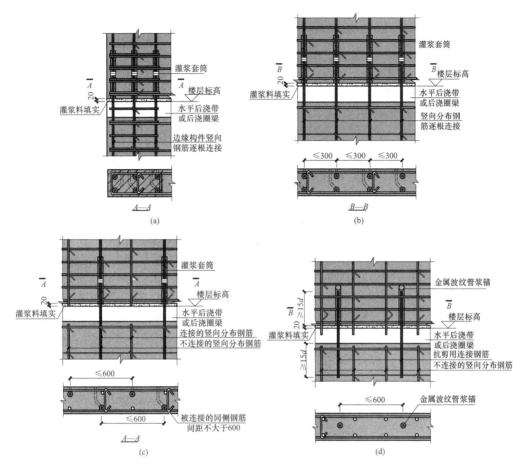

图 3-32 预制墙水平接缝连接构造

(a)预制边缘构件竖向钢筋连接；(b)预制墙竖向分布钢筋逐根连接；

(c)预制墙竖向分布钢筋部分连接；(d)抗剪用连接钢筋构造

3. 预制连梁与墙后浇段连接构造

预制连梁与墙后浇段连接处，连梁的底部纵筋和构造筋在墙后浇段处的锚固有两种方式，预制连梁纵筋锚固段采用机械连接[图 3-33(a)]、预制连梁预留纵筋在后浇段内锚固[图 3-33(b)]。

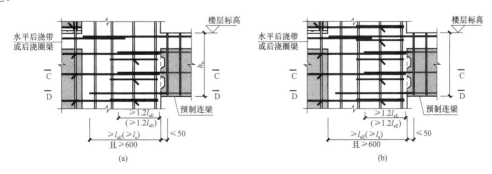

图 3-33 预制连梁与墙后浇段连接构造

(a)预制连梁纵筋锚固段采用机械连接；(b)预制连梁预留纵筋在后浇段内锚固

二、识读叠合楼板连接节点详图

叠合板可分为双向叠合板和单向叠合板，本书仅介绍应用较为广泛的双向叠合板板侧和板端接缝构造。

1. 板侧接缝构造

双向叠合板整体式接缝连接构造有设后浇带式接缝和密拼接缝两种。

（1）设后浇带式接缝。如图 3-34 所示，双向叠合板整体式接缝连接构造有板底纵筋直线搭接、板底纵筋末端带 135°弯钩连接、板底纵筋末端带 90°弯钩连接、板底纵筋弯折锚固连接 4 种形式。《桁架钢筋混凝土叠合板（60 mm 厚底板）》(15G366—1)图集中应用的接缝连接形式是第二种，板底纵筋末端带 135°弯钩连接，接缝宽度为 300 mm，钢筋搭接长度为 280 mm。

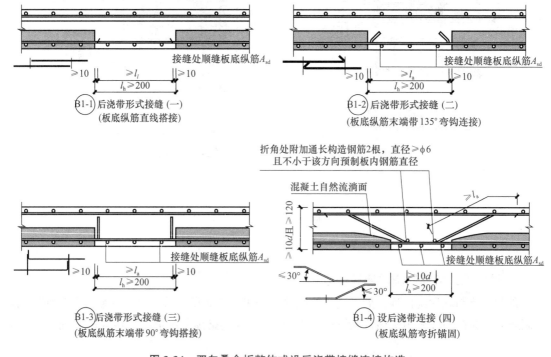

图 3-34　双向叠合板整体式设后浇带接缝连接构造

（2）密拼接缝。如图 3-35 所示，双向叠合板采用密拼接缝时，为了保证宽度方向传力可靠，在板底接缝处设置板底连接纵筋和附加通长构造钢筋。连接纵筋和预制底板在宽度方向上的受力纵筋间接搭接长度 $\geqslant l_l$，附加通长构造钢筋直径 $\geqslant \phi 4$，间距 $\leqslant 300$ mm。

2. 板端连接构造

板端支座可能为梁或剪力墙，本书以梁为例介绍板端支座连接构造，如图 3-36 所示。

（1）板端边支座连接构造。当板端支座为边梁，预制板留有外伸板底纵筋时，板底纵筋锚固长度 $\geqslant 5d$，且至少到梁中线。板面纵筋在端支座应伸至梁外侧角筋后向下弯折 $15d$，当直段长度 $\geqslant l_a$ 时可不弯折。

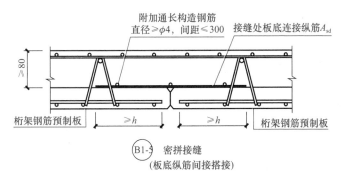

图 3-35 双向叠合板整体式密拼接缝连接构造

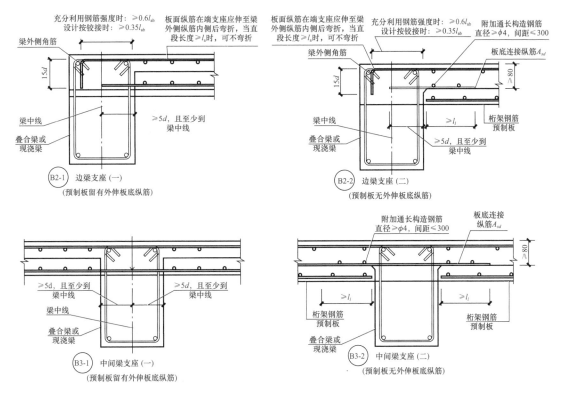

图 3-36 梁支座处板端连接构造

当板端支座为边梁，预制板无外伸板底纵筋时，在板底接缝处设置板底连接纵筋和附加通长构造钢筋。连接纵筋和预制底板宽度方向受力纵筋间接搭接长度$\geq l_l$，附加通长构造钢筋直径$\geq \phi 4$，间距≤ 300。板面纵筋在端支座应伸至梁外侧角筋后向下弯折$15d$，当直段长度$\geq l_a$时可不弯折。

（2）板端中间支座连接构造。当板端支座为中间梁，预制板留有外伸板底纵筋时，板底纵筋锚固长度$\geq 5d$，且至少到梁中线。板面纵筋在中间支座处贯通。

当板端支座为中间，预制板无外伸板底纵筋时，在板底接缝处设置板底连接纵筋和附加通长构造钢筋。连接纵筋和预制底板宽度方向受力纵筋间接搭接长度$\geq l_l$，附加通长构造钢筋直径$\geq \phi 4$，间距≤ 300 mm。板面纵筋在中间支座处贯通。

三、识读预制楼梯板连接节点详图

1. 高端固定铰支座、低端滑动铰支座

如图 3-37 所示，梯板与平台板之间高端采用固定铰支座连接，低端采用滑动铰支座连接。高端支座通过在平台挑耳预留 C 级螺栓，在预制梯板预留 2 个孔，将孔和螺栓对位，孔内采用 GM 浆料进行填充，梯板和平台之间的缝隙采用聚苯板填充，从而形成固定铰支座。低端支座孔内及梯板与平台之间的缝隙处不填充材料，梯板与挑耳之间铺设油毡、四氟乙烯等隔离层使得梯段和平台之间允许产生滑动和转动，从而形成滑动铰支座。

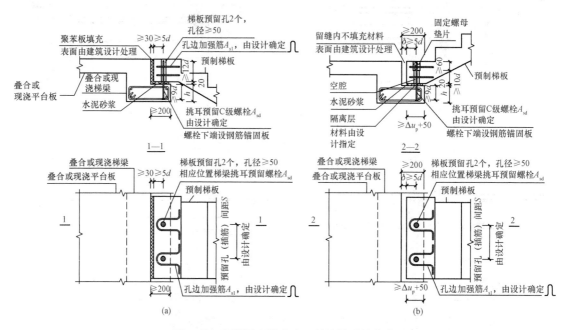

(a)　　　　　　　　　　　　(b)

图 3-37　高端固定铰支座、低端滑动铰支座

2. 高端固定支座、低端滑动支座

如图 3-38 所示，梯板与平台板之间高端采用固定支座连接，低端采用滑动支座连接。高端支座通过将预制梯板上、下纵筋分别在平台梁中进行可靠锚固，从而形成固定支座。低端支座通过预制梯板预埋钢板与平台挑耳预埋钢板之间铺设石墨粉或采用四氟乙烯板，梯板与平台之间缝隙处不填充材料，允许产生水平滑动，从而形成滑动支座。

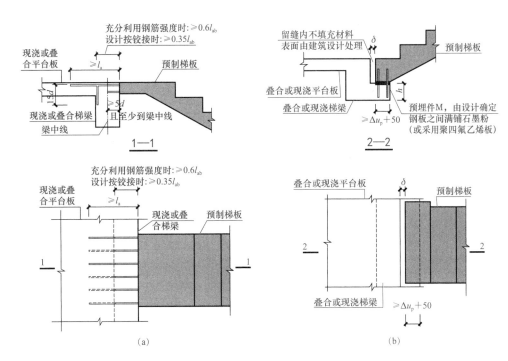

图 3-38　高端固定支座、低端滑动支座

(a)高端支承固定支座；(b)低端支承滑动支座

3. 高端、低端均为固定支座

如图 3-39 所示，梯板与平台板之间高端和低端均采用固定支座。高端和低端支座均通过将预制梯板上、下纵筋分别在平台梁中进行可靠锚固，从而形成固定支座。

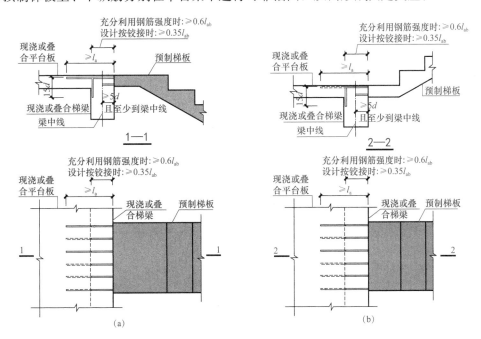

图 3-39　高端、低端均为固定支座

(a)高端支承固定支座；(b)低端支承固定支座

四、识读预制阳台板、空调板、女儿墙板连接节点详图

1. 预制阳台板连接节点

图 3-40 所示为全预制板式阳台和主体结构之间的连接构造。全预制板式阳台属于悬挑结构，阳台板面和板底沿长度方向预留纵筋，阳台荷载传递到主体结构的内叶墙板上。预制阳台板搁置长度为 10 mm，板面预留纵筋长度 $\geqslant 1.1 l_a$，锚固到主体结构的叠合梁板或现浇梁板中。

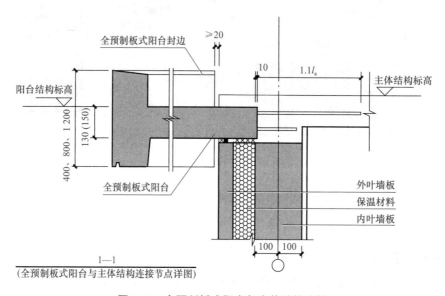

图 3-40　全预制板式阳台与主体结构连接

2. 预制空调板连接节点

图 3-41 所示为预制空调板和主体结构之间的连接构造。预制空调板属于悬挑结构，空调板仅在板面处配置一层钢筋，沿长度方向配置的纵筋伸入主体结构的叠合梁板或现浇梁板中，与主体结构混凝土浇筑成整体。预制阳台板搁置在内叶墙上的长度为 10 mm，板面预留纵筋长度 $\geqslant 1.1 l_a$，锚固到主体结构的叠合梁（墙）板或现浇梁（墙）板中。

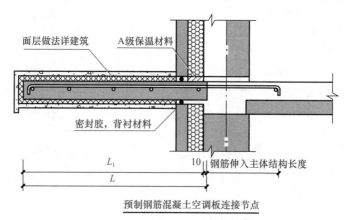

预制钢筋混凝土空调板连接节点

图 3-41　预制空调板与主体结构连接

3. 预制女儿墙板连接节点

图 3-42 所示为预制女儿墙板和主体结构之间连接构造，预制空调板属于悬挑结构，空调板仅在板面处配置一层钢筋，沿着长度方向配置的纵筋伸入主体结构的叠合梁板或现浇梁板中，与主体结构混凝土浇筑成整体。预制阳台板搁置在内叶墙上的长度为 10 mm，板面预留纵筋长度≥$1.1l_a$，锚固到主体结构的叠合梁（墙）板或现浇梁（墙）板中。

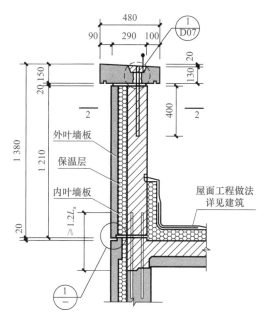

图 3-42 预制女儿墙板与主体结构连接

知识拓展

扫描二维码，自主学习装配式混凝土结构表示方法及示例。

一、选择题

1. 根据图集《装配式混凝土结构连接节点构造》（15G310），图3-43中的节点构造是（   ）。

   A. 构造边缘端柱   B. 约束边缘端柱

   C. 约束边缘翼墙   D. 构造边缘转角墙

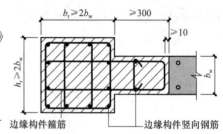

图3-43　选择题1图

2. 双向叠合板整体式接缝构造—板底纵筋在后浇带弯折锚固时，两侧钢筋在接缝处搭接的长度不应小于（   ）

   A. 5d（d为板底纵筋直径），且至少到板缝中线

   B. 12d（d为板底纵筋直径）

   C. 10d（d为板底纵筋直径）

   D. 15d（d为板底纵筋直径）

3. 对于预制墙间的竖向接缝构造（有附加连接钢筋），当采用附加弯钩钢筋与预留U形钢筋连接时（图3-44），两侧的搭接长度（红色区域）均为（   ）。

   A. 0.6l_{aE}（0.6l_a）

   B. 0.8l_{aE}（0.8l_a）

   C. l_{aE}（l_a）

   D. 1.2l_{aE}（1.2l_a）

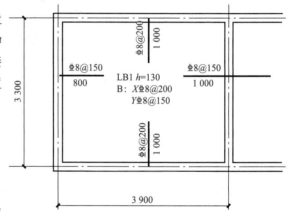

图3-44　选择题3图

4. 上、下层预制墙竖向钢筋采用灌浆套筒逐根连接时，套筒之间水平距离应不大于（   ）mm。

   A. 250   B. 300   C. 350   D. 500

5. 上下层预制墙竖向钢筋采用灌浆套筒部分连接时，套筒间水平距离应不大于（   ）mm。

   A. 300   B. 400   C. 500   D. 600

6. 根据15G107图集中规定，对编号为DBS1—67—3924—22的预制构件表述不正确的是（   ）。

   A. 表示双向叠合板构件

   B. 预制底板厚度为70 mm，后浇叠合层厚度为60 mm

   C. 预制底板的标志跨度为3 900 mm

   D. 预制底板的标志宽度为2 400 mm

7. 对于预制墙水平接缝连接构造中，采用抗剪用连接钢筋构造，被连接的同侧竖向钢筋间距应为( )mm。

A. ≤500　　　　　B. ≤600　　　　　C. ≤300　　　　　D. ≤400

8. 根据15G107图集中规定，对编号为DBD67－3324－2的预制构件表述不正确的是( )。

A. 表示叠合板构件

B. 双向板

C. 预制板厚度为60 mm，后浇叠合层厚度为70 mm

D. 预制底板的标志跨度为3 300 mm，标志宽度为2 400 mm

9. 在预制混凝土剪力墙平面布置图中，外墙板以( )为装配方向，不需要特殊标注。

A. 外侧　　　　　B. 内侧　　　　　C. 上方　　　　　D. 下方

10. 预制外墙的代号为( )。

A. WQ　　　　　B. WQCA　　　　　C. YWQ　　　　　D. YNQ

二、操作题

根据施工图的配筋信息完成叠合板的深化设计，其中，梁的宽度均为200 mm，居中布置。

要求：

1. 采用双向板进行设计，预制底板不考虑倒角。

2. 桁架筋沿短跨方向布置。

3. 叠合板的数量为3，要充分考虑模具的重复利用率。

4. 钢筋的空间布置需要符合实际情况(板保护层厚度为15 mm)。

5. 根据深化设计相关信息完成叠合板的深化设计，绘制模板图和配筋图。

项目四　预制混凝土构件的生产制作

任务一　预制构件厂的总体规划及工艺

学习内容

　　(1)预制构件厂的总体规划；

　　(2)预制构件的生产工艺。

知识解读

　　装配式混凝土建筑的预制混凝土构件主要在预制工厂中完成制造生产。当前主流的混凝土构件的预制方式主要是在远离建筑工地的固定式 PC 工厂内预制完成，然后通过 PC 构件运输车运输至施工现场进行装配施工。固定式工厂生产厂区应充分考虑占地、材料及构件运输、水源、电力、居民区等各项因素合理规划场内生产区、材料存放区、成品堆放区、工作区、生活区等，满足标准化管理要求。

一、预制构件厂的总体规划

1. 规划设计的原则

　　(1)总平面设计必须执行国家的方针政策，按设计任务书进行。

　　(2)总平面设计必须以所在城市的总体规划、区域规划为依据，符合总体布局规划要求，如场地出入口位置、建筑体形、层数、高度、公建布置、绿化、环境等都应满足规划要求，与周围环境协调统一。同时，建设项目内的道路、管网应与市政道路和管网合理衔接，以满足生产、方便生活。

（3）总平面设计应结合地形、地质、水文、气象等自然条件，依山就势，因地制宜。

（4）建筑物之间的距离应满足生产、防火、日照、通风、抗震及管线布置等各方面要求。

（5）结合地形，合理进行用地范围内的建筑物、构筑物、道路及其他工程设施之间的平面布置。

2. 影响规划的因素

按照以上原则，园区布置以工艺流程为主线，兼顾产品生产企业的环境卫生需求，满足生产紧凑、占地面积小、便于生产集中控制和管理的要求。某构件工厂平面布置图如图 4-1 所示。

图 4-1　某构件工厂平面布置图

3. 工厂选址的具体要求

工厂选址的五大要求是合法、经济、安全、方便、合理。

（1）合法。不侵占、使用国家划定的永久基本农田，选择非永久基本农田，并且已办理合法出让手续，或手续齐备的工业用地。要取得建设用地规划许可证，并通过建设项目环境影响评价文件的审批许可。

（2）经济。

1）所选择的厂址在可行性研究报告中所划定的 PC 构件有效经济供应半径以内。工厂与原材料供应地、产品销售地的距离不能超出有效经济供应半径。

2）选择的地块要尽量平整。确保场地平整时填挖平衡，不产生大量的借土和弃土。一般情况下，尽量不在软基和起伏过大的丘陵山区建厂，以减少在工厂建设过程中的软基处理和土石方开挖爆破的工程量，降低工程造价。

3)地面以上的房屋等建筑，庄稼、树木等拆迁砍伐量，青苗补偿要在经济合理的承受范围以内。

（3）安全。工厂驻地的地理位置和环境，要满足相关法律法规规定的防洪、防雷要求。避开滑坡、泥石流等地质灾害地带，远离危险化学品、易燃易爆等危险源。PC工厂建成后不得对周围环境和常驻人群的生活造成环境破坏与污染。

（4）方便、合理。

1)要考虑工厂附近和经济运距范围内是否有可靠的资源供应和能源供给，如砂石料的供应，附近是否有电、水、天然气、通信的接入条件。周围的交通能否满足方便各种原材和产品及时顺利地进出工厂的需求。

2)要考虑工人日后生活的方便性。

3)要关注工厂周围的民风民俗，能否与周围的居民和谐共处，也是以后PC工厂能否顺利生产的一个重要影响因素。

所以应多考察几个地块，在综合考虑以上因素，进行比对分析后，再从中选取一个优良厂址。禁忌随意、仓促选址。

4.总体规划的内容

（1）PC工厂按照可行性研究报告中的规划进行设计和布局，同时兼顾整个工厂内各生产项目的投资顺序和PC生产线日后提能扩产的要求。

（2）PC工厂整体由构件生产区、构件成品堆放区、办公区、生活区、相应配套设施等组成。

（3）厂区规划中有PC生产厂房、办公研发楼、公寓餐饮楼、成品堆场、混凝土原材库、成品展示区、宿舍楼、试验室、锅炉房、钢筋及其他辅材库房、配电室等。

（4）构件生产车间由PC构件生产线、钢筋加工生产线、混凝土拌合运输系统、高压锅炉蒸汽系统、桥式门吊系统、车间内PC构件临时堆放区、动力系统等组成。

5.PC构件制造工厂的制造机械及设备

（1）制造设备：混凝土制造设备、钢筋加工组装设备、材料出入及保管设备、成型设备、加热养护设备、搬运设备、起重设备、测试设备。

（2）检查设备：检查场地、检查架台、检查场地起重机。

（3）储存及出厂设备：储存场地、储存架、储存及出厂用起重机。

（4）生产信息系统：制作图制作系统（CAD系统）、生产管理系统（工程管理、质量管理、原材料管理、成本管理、劳务管理）。

6.PC构件工厂设施布置

在进行设施布置时，尽可能考虑遵守以下原则并考虑搬运要求：

（1）系统性原则。整体优化，不追求个别指标先进。

（2）近距离原则。在环境与条件允许的情况下，设施之间距离最短，减少无效运输，降低物流成本。

（3）场地与空间有效利用原则。空间充分利用，有利于节约资金。

（4）机械化原则。既要有利于自动化的发展，还要留有适当的余地。

(5)安全、方便原则。保证安全，不能一味追求运输距离最短。

(6)投资建设费用最小原则。使用最少的投资达到系统功能要求。

(7)便于科学管理和信息传递原则。信息传递与管理是实现科学管理的关键。

二、预制构件生产工艺

常用预制构件的制作工艺分为固定式和流动式两种。其中，固定式包括固定模台工艺、立模工艺和预应力工艺等；流动式包括流水线工艺和自动流水线工艺。

一般情况下，预制构件是在工厂内制作的，可以选择以上任何一种工艺。但如果建筑工地距离工厂太远，或通往工地的道路无法通行运送构件的大型车辆，也可以选择在工地现场生产。偏远地区无法建厂又要搞装配式混凝土建筑，也可以选择移动方式进行生产，即在项目周边建设简易的生产工厂，等该项目结束后再将该简易工厂的设备设施转移到另外一个项目，这种可移动的工厂也被称为游牧式工厂。工地临时工厂和移动式工厂只能选择固定模台工艺。

1. 固定模台法

固定模台制作作业具有适用范围广、通用性强的特点，可制作各种标准化构件、非标准化构件和异形构件。具体有柱、梁、叠合梁、后张法预应力梁、叠合楼板、剪力墙板、外挂墙板、楼梯、阳台板、飘窗、空调板和曲面造型构件等五十多种构件(图4-2)。固定模台的主要特点如下：

图4-2　固定模台法工厂内景

（1）模台和模具是固定不动的，作业人员和钢筋、混凝土等材料在各个模台之间"流动"。

（2）模台与台座或地面之间有可靠的支承与连接，不易下沉、变形和位移。

（3）灌浆套筒安装、预埋件等附件安装、门窗框安装、构件浇筑、蒸养、脱模等工序就地作业。

（4）混凝土浇筑多采用振捣棒插捣作业，浇筑面由人工抹平，对工人技能要求较高。

（5）每个模台均配有蒸汽管道和独立覆盖，构件可按需逐件蒸养（成本高），蒸养作业较为分散和烦琐。

（6）无自动翻转台，通过起重机进行构件的脱模和翻转（需要翻转的构件）。

（7）对空间运输的组织要求较为严格，如钢筋骨架、混凝土等物料需运至不同位置，整个生产流程较为依赖搬运作业。

（8）对各个作业环节的生产节奏和工序衔接要求不是太严格。

（9）生产规模与模台数量成正比关系，需求的产量越高，模台数量就越多，相对应厂房面积也越大。

（10）需留出作业通道和安全通道。

（11）模台可用钢制模台，也可用钢筋混凝土或超高性能混凝土模台。

（12）模台尺寸可根据项目需求进行调整或更换，常用模台尺寸有：预制墙板模台尺寸为 4 m×9 m，预制叠合楼板为 3 m×12 m，预制柱、梁构件为 3 m×9 m。

2. 成组立模法

成组立模是将立式模板进行成组化处理之后而形成的一种生产用装备，特别适用于生产建筑板材尤其是建筑墙板（图 4-3）。成组立模具有成型精度高、工艺稳定性好、生产效率高等优点（图 4-4）；其缺点是受制于构件形状，通用性不强。

图 4-3　成组立模法设备

图 4-4　成组立模的内部构造

3. 流水线工艺

流水线工艺是将标准订制的钢平台（规格一般为 4 m×9 m）放置在滚轴或轨道上，使其移动，一般为环形布置。其适用于构件几何尺寸规整的板类构件，如三明治外墙板、内墙板、叠合板等。流水线工艺具有效率高、能耗低的优势，但一次性投入的资金较多。

流水线工艺流程：模台通过滚轮或轨道移动到每个工位，由该工位工人完成作业，然后转移至下一个工位，直到被码垛机送进养护窑。以生产三明治外墙板为例，在流水生产线中，有模台清扫、隔离剂喷涂、画线、内叶板模板钢筋安装、预埋件安装、一次浇筑混凝土、混凝土振捣、外叶板模板安装、保温板安放、连接件安装、外叶板钢筋网片安装、预埋件安装、二次浇筑混凝土、振捣刮平、构件预养护、构件抹光、构件蒸养、构件脱模、墙板吊运、修复检查、清洗打码21道生产工序。

流水生产线由驱动轮、从动轮、模台、清扫喷涂机、画线机、布料机、振动台、振捣刮平机、拉毛机、预养护窑、抹光机、码垛机、立体蒸养窑、翻板机、平移车等机械设备共同组成(图4-5)。

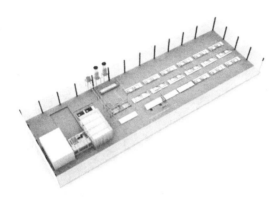

图4-5　流动模台法生产线示意

任务二　预制构件的制作设备、模具及工具

(1)预制构件的制作设备；

(2)模具设计与制作；

(3)预制构件制作常用工具。

一、预制构件的制作设备

预制构件制造设备通常包括混凝土制作设备、钢筋加工组装设备、材料出入及保管设备、成型设备、加热养护设备、搬运设备、起重设备、测试设备等。其主要介绍流动模台法中常用的主要设备，包括混凝土空中运输车、混凝土输送平车、桥式起重机、布料机、

振动台、辊道输送线、平移摆渡车、模台存取机、蒸养窑、构件运输平车、模台。图4-6所示为一个采用流动模台法进行设备布置的工厂实例。国内的供应商主要有河北新大地机电制造有限公司、湖南三一快而居住宅工业有限公司、山东万斯达数控设备有限公司、韶关市源昊住工机械有限公司。国外主要的预制构件流水线成套设备供应商有艾巴维（Ebawe）、安夫曼（Avermann）、威克曼（Weckenmann）、沃乐特（Vollert），这些设备的性能参数通常因构件产品种类、各公司的技术标准体系的不同而有所差异，本节就这些设备性能及常用参数提供一些参考。

图4-6　流动模台法主要设备布置

1. 混凝土输送

(1)混凝土空中运输车(图4-7)。

1)吊斗容积：2 m³。

2)运行速度：0～40 m/min。

3)外形尺寸：满足搅拌机组放料口空间位置和放料口高度要求。

4)放料(喂料)速度：喂料过程≤3 min(放空)。

5)操控方式：手动、遥控、自动。

图4-7　混凝土空中运输车

(2)混凝土输送平车。

1)运行速度：0～30 m/min。

2)轨距：≤1 200 mm。

3)操作：专职司机。

4)操作控制：操控室或操控平台

2. 吊车(桥式起重机)

(1)大车速度：30～60 m/min。

(2)起升速度：8～10 m/min。

(3)起升重量：10～20 t。

(4)跨距：22.5 m。

3. 布料机

(1)储料斗容积：≥2 m³。

(2)外形尺寸：宽度和长度应满足 3 500 mm×12 000 mm～11 000 mm×12 000 mm 范围内任意布料，高度<3 500 mm。

(3)布料口高度：800～1 400 mm(底模高度＋构件高度＋辊道高度)。

(4)最小布料范围：满足横、纵方向 200 mm×3 000 mm 的布料要求。

(5)操作控制：操作台、遥控。

(6)轨道有效行程：根据混凝土浇筑范围确定轨道有效行程。

布料机如图 4-8 所示。

图 4-8　布料机

4. 振动台

(1)载荷振幅：≤1 mm。

(2)激振力(振动力)：150～200 kN。

(3)噪声控制：≤90 dB(参考值)。

(4)操作控制：独立控制台。

振动台如图4-9所示。

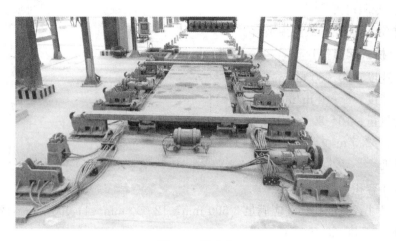

图 4-9 振动台

5. 辊道输送线

(1)主要作业区间。

1)拆模、清模作业运行。

2)平移摆渡作业运行。

3)组模、喷油、钢筋入模作业运行。

4)混凝土浇筑振捣作业运行。

5)振动赶平拉毛作业。

6)构件预养。

7)静停轧面作业运行。

8)入窑作业运行。

9)出窑作业运行。

(2)性能要求。

1)运行速度：0～30 m/min。

2)运行程序和操控：每一作业区间可实现间断运行操控和连续运行操控。

3)动力配备：满足模台＋构件质量的要求(重约为20 t)。

4)运行程序：分动、联动、自锁、互锁、制动不应发生干扰。

5)支撑辊顶面高度：≤450 mm，保证作业操作的最佳高度(作业面高度在1 000 mm以内，支撑高度＋底模高度＋构件厚度)。

6)运行平稳性：模具运行过程不得偏离和颠簸，防控底模运行过程的前后撞击。

7)设备制造厂家要关注以下问题：支撑辊的间距；支撑辊水平高差的保证措施；外形最大宽度尺寸(可否控制在4 000 mm以内)；安全保护装置；供电线网的架设与接口。

6. 平移摆渡车

(1)运行速度：0～30 m/min；满足一个工作循环≤15 min的要求。

（2）外形尺寸：满足 4 000 mm×9 000 mm 平底模的要求。

（3）操作形式：能否实现无人操作（专人操作需要配置操作平台）。

（4）控制程序：与辊道输送线操作控制互锁。

输送线及平移摆渡车如图 4-10 所示。

图 4-10　输送线及平移摆渡车

7. 模台存取机

（1）作业频次。

1）按窑体容量计算：容量 21 件模台（42 块构件），入窑 21 次，出窑 21 次，完成一个工作循环应小于 15 min。

2）按产能计算：每班产 36 块构件（18 件模台），入窑 18 次，出窑 18 次，完成一个工作循环应小于 15 min。

（2）性能要求。

1）运行能力：满足一个工作循环≤15 min 的要求。

2）外形尺寸：适应 4 000 mm×9 000 mm 平底模的要求。

3）运行精度要求：必须保证接驳对位的准确性和输送、提升运行的可靠性。

4）功率要求：提升运行满足 20 t（模具＋构件）。

5）操作控制：要求专职操作，手动和程序控制（分动、联动、自锁、互锁）。

8. 蒸养窑

（1）外形尺寸：全高≤7 000 mm，全宽≤15 000 mm。

（2）内部尺寸：满足 4 000 mm×9 000 mm 的模台。

（3）层高：≤800～1 000 mm。

（4）温度控制系统：升温（2 h）—恒温（6 h）—降温（2 h）过程控制需要自动控制和显示，升温、恒温、降温时间可调。

（5）窑内温度区间要求：50 ℃～55 ℃。

（6）蒸养形式：从节能考虑，优先选用干湿混合蒸养形式，湿热蒸养形式次之。

（7）窑体结构：承重结构的强度应满足承重要求（单体质量：模具 8 t＋构件 10～12 t＝18～20 t）。

（8）窑门启闭：启闭机构灵敏、可靠，封闭性能强，不得泄漏蒸汽。

模台存取机及蒸养窑如图 4-11 所示。

图 4-11　模台存取机及蒸养窑

9. 构件运输平车

(1)外形尺寸：3 600 mm×6 000 mm。

(2)载重：20 t。

(3)轨距：1 600 mm。

(4)行走速度：0～30 m/min。

(5)电源：尽量避免采取悬挂或地面拖线形式。

10. 模台

(1)模台设计要点：面板根据楼层高度和构件长度，宜选用整块的钢板。每个大模台上布置不宜超过3块构件，选择底模长度、宽度由建筑层高决定。对于板面要求不严格的，可采用拼接钢板的形式，但需注意拼缝的处理方式。模台支撑结构可选用工字钢或槽钢，为了防止焊接变形，大模台最好设计成单向板的形式，面板一般选用10 mm钢板。大模台使用时，需固定在平整的基础上，定位后的操作高度不宜超过500 mm。常用的模台尺寸为3 500 mm×9 000 mm 和 13 500 mm×12 000 mm。

(2)刚度：在宽度方向下挠≤±1 mm。

(3)精度平整度：表面不平度在任意2 000 mm 长度内≤±1 mm。

(4)轨道宽度及尺寸精度：由辊道输送线生产厂家给定。

(5)表面质量要求如下：

1)钢板拼缝的缝隙≤0.3 mm；

2)拼缝处钢板高低差≤0.2 mm；

3)钢板拼缝不得漏浆水；

4)钢板表面不得锈蚀和划痕损伤；

5)钢板表面不得含有对混凝土构件形成污染的基源。

钢模台如图4-12所示。

图4-12　钢模台

二、模具设计与制作

1. 预制构件模具设计的总体要求

预制构件模具以钢模为主，面板主材选用 HPB300 级钢板，支撑结构可选用型钢或钢板，规格可根据模具形式选择，并应满足以下要求：

（1）模具应具有足够的承载力、刚度和稳定性，保证在构件生产时能可靠承受浇筑混凝土的质量、侧压力及工作荷载。

（2）模具应支、拆方便，且应便于钢筋安装和混凝土浇筑、养护。

（3）模具的部件与部件之间应连接牢固；预制构件上的预埋件均应有可靠的固定措施。

2. 预制构件模具的设计

预制构件模具图一般包括模具总装图、模具部件图和材料清单三个部分。

现有模具的体系可分为独立式模具和大模台式模具（即模台可公用，只加工侧模）。独立式模具用钢量较大，适用于构件类型较单一且重复次数多的项目。大模台式模具只需制作侧边模具，底模还可以在其他工程上重复使用，本文主要介绍该大模台式模具体系。

主要模具类型有梁模、柱模、叠合楼板模具、阳台板模具、楼梯模具、内墙板模具和外墙板模具等（图 4-13～图 4-22）。

图 4-13　楼梯的平打模具

图 4-14　楼梯的立打模具

图 4-15　叠合板固定式边模及橡胶边模

图 4-16　叠合板的角钢边模

图 4-17 叠合板的长边采用通长边模

图 4-18 剪力墙模具的顶模

图 4-19 剪力墙模具的边模

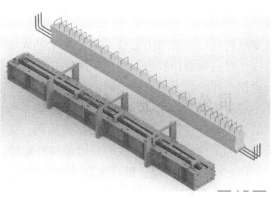

图 4-20 梁模具

图 4-21 柱模具

图 4-22 阳台模具

(1)叠合楼板模具设计要点：根据叠合楼板高度，可选用相应的角铁作为边模。当楼板四边有倒角时，可在角铁上焊一块折弯后的钢板。由于角铁组成的边模上开了很多豁口，导致长向的刚度不足，故沿长向可分若干段，以每段 1.5～2.5 m 为宜。侧模上还需设加强肋板，间距为 400～500 mm。

(2)阳台板模具设计要点：为了体现建筑立面效果，一般住宅建筑的阳台板设计为异形构件。构件的四周都设计了反边，导致不能利用大模台生产。可设计为独立式模具，根据构件数量选择模具材料。考虑构件脱模的问题，在不影响构件功能的前提下，可适当留出脱模斜度(1/10左右)。当构件较高时，应重点考虑侧模的定位和刚度问题。

(3)楼梯模具设计要点：楼梯模具可分为卧式和立式两种模式。卧式模具占用场地大，需要压光的面积也大，构件需多次翻转，故推荐设计为立式楼梯模具。重点为楼梯踏步的处理，由于踏步呈波浪形，钢板需折弯后拼接，拼缝的位置宜放在既不影响构件效果又便于操作的位置，拼缝的处理可采用焊接或冷拼接工艺。需要特别注意拼缝处的密封性，严禁出现漏浆现象。

(4)内墙板模具设计要点：由于内墙板是混凝土实心墙体，一般没有造型。通常，预制内墙板的厚度为200 mm，为便于加工，可选用20号槽钢作为边模。内墙板三面均有外露筋且数量较多，需要在槽钢上开很多豁口，导致边模刚度不足，周转中容易变形，所以，应在边模上增设肋板。

(5)外墙板模具设计要点：外墙板一般采用三明治结构，通常采用结构层(200 mm)＋保温层(50 mm)＋保护层(50 mm)的墙板可采用正打工艺或反打工艺。建筑对外墙板的平整度要求很高，如果采用正打工艺，无论是人工抹面还是机械抹面，都不足以达到要求的平整度，对后期制作较为不利。采用反打工艺则有利于预埋件的定位，操作工序也相对简单。可根据工程的需求，选择不同的工艺。本书主要介绍以反打工艺为主的模具。根据浇筑顺序，可将模具分为两层：第一层为保护层＋保温层；第二层为结构层。第一层模具作为第二层的基础，在第一层的连接处需要加固；第二层的结构层模具同内墙板模具形式。结构层模具的定位螺栓较少，故需要增加拉杆定位，防止胀模。

(6)外墙板和内墙板模具防漏浆设计要点：构件三面都有外露钢筋，侧模处需开对应的豁口，由于数量较多，因而造成拆模困难。为了便于拆模，豁口应开得大一些，用橡胶等材料将混凝土与边模分离开，就可以大大降低拆卸难度。

(7)边模定位方式设计要点：边模与大模台通过螺栓连接，为了快速拆卸，宜选用M16的粗牙螺栓。在每个边模上设置3～4个定位销，以便精确地定位。连接螺栓的间距控制在500～600 mm为宜，定位销间距不宜超过1 500 mm。

(8)预埋件定位设计要点：预制构件预埋件较多，且精度要求很高，需在模具上精确定位，有些预埋件的定位在大模台上完成，有些预埋件不与底模接触需要通过靠边支模支撑的吊模完成定位。吊模要求拆卸方便，定位唯一，以防止错用。

(9)模具加固设计要点：对模具使用次数必须有一定的要求，故有些部位必须加强，一般通过肋板解决，当肋板不足以解决时可将每个肋板连接起来，以增强整体刚度。

(10)模具的验收要点：除外形尺寸和平整度外，还应重点检查模具的连接和定位系统。

(11)模具的经济性分析要点：根据项目中每种预制构件的数量和工期要求，配备出合理的模具数量，再摊销到每种构件中，得出一个经济指标，一般为每平方米混凝土中钢材的含量。据此可作为报价的一部分。

3. 预制构件模具的制作

模具制作加工工序可概括为开料、制成零件、拼装成模。

(1)依照零件图开料，将零件所需的各部分材料按图纸尺寸裁制。部分精度要求较高的零件、裁制好的板材还需要进行精加工来保证其尺寸精度符合要求。

(2)将裁制好的材料依照零件图进行折弯、焊接、打磨等制成零件。部分零件因其外形尺寸对产品质量影响较大,为保证产品质量,焊接好的零件还需对其局部尺寸进行精加工。

(3)将制成的各零件依照组装图拼模。拼模时,应保证各相关尺寸达到精度要求。待所有尺寸均符合要求后,安装定位销及连接螺栓,随后安装定位机构和调节机构。再次复核各相关尺寸,若无问题,模具即可交付使用。

4. 模具的使用要求

(1)编号要点:由于每套模具都被分解得较为零碎,需按顺序统一编号,防止错用。

(2)组装要点:边模上的连接螺栓和定位销一个都不能少,必须紧固到位。为了构件脱模时边模顺利拆卸,防漏浆的部件必须安装到位。

(3)吊模等工装的拆除要点:在预制构件蒸汽养护之前,应将吊模和防漏浆的部件拆除。选择此时拆除的原因为吊模好拆卸,在流水线上不占用上部空间,可降低蒸养窑的层高;混凝土几乎还没有强度,防漏浆的部件很容易拆除,若等到脱模时,混凝土的强度已达到 20 MPa 左右,防漏浆部件、混凝土和边模会紧紧地粘在一起,极难拆除。因此,漏浆部件必须在蒸汽养护之前拆掉。

(4)模具的拆除要点:当构件脱模时,首先将边模上的螺栓和定位销全部拆卸掉,为了保证模具的使用寿命,禁止使用大锤拆卸的工具,宜为皮锤、羊角锤、小撬棍等工具。

(5)模具的养护要点:在模具暂时不使用时,需要在模具上涂刷一层机油,防止腐蚀。

三、预制构件制作常用工具

1. 横吊梁

横吊梁俗称铁扁担、扁担梁,常用于梁、柱、墙板、叠合板等构件的吊装。用横吊梁吊运部品构件时,可以防止因起吊受力不均而对构件造成破坏,便于构件的安装、校正。常用的横吊梁有框架式吊梁、单根吊梁(图 4-23)。

(a)   (b)

图 4-23　横吊梁
(a)框架式吊梁;(b)单根吊梁

2. 吊索

通常,吊索是由钢丝绳或铁链制成的。因此,钢丝绳或铁链的允许拉力即吊索的允许拉力,在使用时,其拉力不应超过其允许拉力。

3. 新型接驳器

随着预制构件的制作和安装技术的发展，出现了多种新型的专门用于连接新型吊点的接驳器，包括各种用于圆头吊钉、套筒吊钉、平板吊钉的接驳器（图4-24～图4-26）。它们具有接驳快速、使用安全等特点。

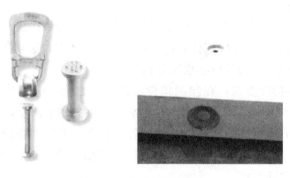

图 4-24　圆头吊钉接驳器

图 4-25　套筒吊钉接驳器

图 4-26　平板吊钉接驳器

4. 磁性固定装置

模具的传统固定方式是采用螺栓和螺母来连接与紧固，这样不但浪费材料，拆卸费时、费力，还在一定程度上破坏了模板平台，缩短了整个系统的使用寿命，给整个生产线带来损失。使用磁性固定装置，对平台没有任何损伤，拆卸快捷方便，磁盒可以重复使用，不但提高效率，也具有很高的经济实用性，已经在国内得到越来越广泛的重视和应用。磁性固定装置包括边模固定磁盒及其连接附件、磁力边模、磁性倒角条及各种预埋件固定磁座。（图 4-27）

(a)

(b)

(c)

(d)

图 4-27　各种磁性固定装置

(a)边模固定磁盒；(b)磁力边模；(c)磁性倒角条；(d)预埋套筒吊钉固定磁座

5. 夹具

夹具是预制过程中用来迅速、方便、安全地固定边模、支架或预埋件，使其占有正确的位置，以使边模、支架或预埋件准确定位的装置。常用的夹具有 U 形夹具、大力钳等(图 4-28)。

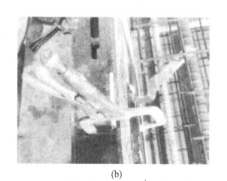

(a)

(b)

图 4-28　常用夹具

(a)U 形夹具；(b)大力钳

(1)预制构件通用制作流程；

(2)预制构件制作各流程的要点；

(3)预制混凝土夹心保温外墙板制作流程；

(4)夹心保温外墙板制作各流程的要点。

PC构件的生产可分为游牧式工厂预制(现场预制)和固定式工厂预制两种形式。其中，现场预制可分为露天预制、简易棚架预制；工厂预制也有露天预制与室内预制之分。

近些年，随着机械化程度的提高和标准化的要求，工厂化预制逐渐增多。目前大部分PC构件为工厂化室内预制。无论何种预制方式，均应根据预制的工程量、构件的尺寸及重量、运输距离、经济效益等因素，进行理性选择，最终达到保证构件的预制质量和经济效益的目的。

一、预制构件的制作流程

预制构件生产应在工厂或符合条件的现场进行。根据场地的不同、构件的尺寸、实际需要等情况，分别采取流动模台法或固定模台法预制生产，并且生产设备应符合相关行业技术标准要求。构件生产企业应依据构件制作图进行预制构件的制作，并应根据预制构件型号、形状、重量等特点制定相应的工艺流程，明确质量要求和生产各阶段质量控制要点，编制完整的构件制作计划书，对预制构件生产全过程进行质量管理和计划管理。

1. 预制构件生产的工艺流程

预制构件生产的工艺流程为：建筑施工图设计→构件拆分设计(构件模板配筋图、预埋件设计图)→模具设计→模具制造→模台清理→模具组装→脱模剂、露骨料剂涂刷→钢筋加工绑扎→水电、预埋件、门窗预埋→隐蔽工程验收→混凝土浇筑→养护→脱模、起吊→表面处理→成品验收→入库或运输。通用工艺流程如图4-29所示。

对于较复杂的构件，如预制混凝土外墙板，其制造工艺目前有两种，即反打工艺和正打工艺。反打工艺是指在模台的底模上预铺各种花纹的衬模，使墙板的外表皮在下面，内表皮在上面；正打工艺则与之相反，通常直接在模台的底模上浇筑墙板，使墙板的内表皮朝下，外表皮朝上。反打工艺可以在浇筑外墙混凝土墙体的同时一次性将外饰面的各种线型及质感带出来，贴有面砖的预制混凝土外墙板通常采用反打预制工艺。对于预制混凝土夹心保温外墙板，两种工艺都可以实施，但两者的工艺流程会有差异，对预制构件生产工艺流水线的布置有一定影响。

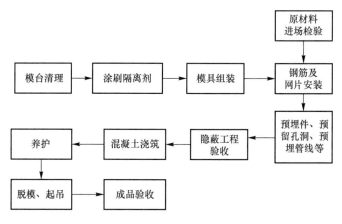

图 4-29　预制构件生产的通用工艺流程

2. 预制构件制作生产模具的组装

(1)模具组装应按照组装顺序进行，对于特殊构件，要求钢筋先入模后组装。

(2)模具拼装时，模板接触面平整度、板面弯曲、拼装缝隙、几何尺寸等应满足相关设计的要求。

(3)模具拼装应连接牢固、缝隙严密，拼装时应进行表面清洗或涂刷水性或蜡质脱模剂(图 4-30)，接触面不应有划痕、锈渍和氧化层脱落等现象。

图 4-30　涂脱模剂

3. 预制构件钢筋骨架、钢筋网片和预埋件

钢筋骨架、钢筋网片和预埋件必须严格按照构件加工图及下料单要求制作。

(1)钢筋网、钢筋骨架(图 4-31)应满足构件设计图纸要求，宜采用专用钢筋定位件，入模应符合下列要求：

图 4-31　钢筋骨架入模

1）钢筋骨架尺寸应准确，骨架吊装时应采用多吊点的专用吊架，防止骨架产生变形。

2）保护层垫块宜采用塑料类垫块，且应与钢筋骨架或网片绑扎牢固；垫块按梅花状布置，间距应满足钢筋限位及控制变形的要求。

3）钢筋骨架入模时应平直、无损伤，表面不得有油污或锈蚀。

4）应按构件图纸安装好钢筋连接套管、连接件、预埋件（图 4-32）。

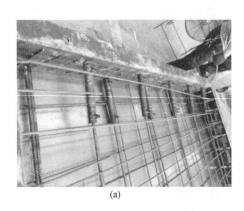
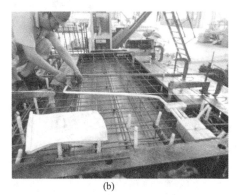

(a)　　　　　　　　　　　　　　　　(b)

图 4-32　预埋件安装

(a)预埋套筒的安装；(b)预埋管线的安装

（2）预制构件表面的预埋件、螺栓孔和预留孔洞应按构件模板图进行配置，并应满足预制构件吊装、制作工况下的安全性、耐久性和稳定性。

4. 预制构件混凝土的浇筑

按照生产计划混凝土用量搅拌混凝土。在混凝土浇筑过程中应注意对钢筋网片及埋件的保护，浇筑厚度使用专门的工具测量，严格控制，振捣后应当至少进行一次抹压。构件浇筑完成后进行一次收光，收光过程中应当检查外露的钢筋及预埋件，并按照要求调整。浇筑时，应当及时清理洒落的混凝土。在浇筑过程中，应充分有效振捣，避免出现漏振造成的蜂窝、麻面现象，浇筑时，按照试验室要求预留试块。预制构件混凝土的浇筑、振捣和抹面(图 4-33~图 4-36)。

图 4-33 混凝土浇筑

图 4-34 混凝土振捣

图 4-35 人工抹面

图 4-36 机械抹面

(1)混凝土浇筑前，应逐项对模具、钢筋、钢筋网、钢筋骨架、连接套管、连接件、预埋件、吊具、预留孔洞、混凝土保护层厚度等进行检查验收，并做好隐蔽工程记录。

(2)混凝土的选择应根据产品类别和生产工艺要求确定，混凝土浇筑时，应采用机械振捣成型方式。

(3)预制构件和现浇混凝土结合面的粗糙度，宜采用机械处理，也可采用化学处理。

(4)带保温材料的预制构件宜采用水平浇筑方式成型，保温材料宜在混凝土成型过程中放置固定。底层混凝土初凝前进行保温材料铺设，保温材料应与底层混凝土固定，当多层铺设时，上、下层保温材料接缝应相互错开；当采用垂直浇筑成型工艺时，保温材料可在混凝土浇筑前放置固定。对连接件穿过保温材料处应填补密实。预制构件制作过程应按设计要求检查连接件在混凝土中的定位偏差。

(5)带门窗框、预埋管线的预制构件，其制作应符合下列规定：

1)门窗框、预埋管线应在浇筑混凝土前预先放置并固定，固定时应采取防止污染窗体表面的保护措施。

2)当采用铝框时，应采取避免铝框与混凝土直接接触发生电化学腐蚀的措施。

(6)带外装饰面的预制构件宜采用水平浇筑一次成型反打工艺，其制作应符合下列要求：

1）外装饰石材、面砖的图案、分割、色彩、尺寸应符合设计要求。

2）外装饰石材、面砖铺贴之前应清理模具，并按照外装饰敷设图的编号分类摆放。

3）石材和底模之间宜设置垫片保护。

4）石材入模铺设前，应根据外装饰铺设图核对石材尺寸，并提前在石材背面涂刷界面处理剂。

5）石材和面砖铺设前，应按照控制尺寸和标高在模具上设置标记，并按照标记固定和校正石材与面砖。

6）石材铺设前，应在石材背面用不锈钢卡钩与混凝土进行机械连接。

7）石材和面砖铺设后，表面应平整，接缝应顺直，接缝的宽度和深度应符合设计要求。

（7）混凝土搅拌原材料计量误差应满足规定。

（8）混凝土浇筑时应符合下列要求：

1）混凝土应均匀连续浇筑，投料高度不宜大于 500 mm。

2）混凝土浇筑时，应保证模具、门窗框、预埋件、连接件不发生变形或移位，如有偏差应采取措施及时纠正。

3）混凝土应边浇筑、边振捣。振捣器宜采用插入式振动器或平板振动器。

4）混凝土从出机到浇筑时间及间歇时间不宜超过 40 min。

（9）构件生产过程中出现下列情况之一时，应对混凝土配合比重新进行设计：

1）原材料的产地或品质发生显著变化时；

2）停产时间超过一个月，重新生产前；

3）合同要求时；

4）混凝土质量出现异常时。

5. 预制构件混凝土的养护

混凝土养护可采用覆盖浇水和塑料薄膜覆盖的自然养护、化学保护膜养护和蒸汽养护方法（图 4-37）。梁、柱等体积较大的预制构件宜采用自然养护方式；楼板、墙板等较薄的预制构件或冬期生产的预制构件，宜采用蒸汽养护方式。预制构件采用加热养护时，应制定相应的养护制度，预养时间宜为 1～3 h，升温速率应为 10～20 ℃/h，降温速率不应大于 10 ℃/h；梁、柱等较厚的预制构件养护温度为 40 ℃/h；楼板、墙板等较薄的预制构件，养护最高温度为 60 ℃/h，持续养护时间应不小于 4 h。构件脱模后，当混凝土表面温度和环境温差较大时，应立即覆膜养护。

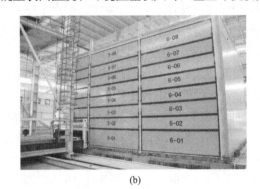

(a)   (b)

图 4-37　预制构件养护

（a）自然养护；（b）蒸汽养护

6. 预制构件的脱模与表面修补

(1)构件蒸汽养护后，蒸养罩内、外温差小于 20 ℃时方可进行拆模作业。构件拆模应严格按照顺序拆除模具，不得使用振动方式拆模。构件拆模时，应仔细检查确认构件与模具之间的连接部分完全拆除后方可起吊；预制构件拆模起吊时，应根据设计要求或具体生产条件确定所需的混凝土标准立方体抗压强度，并应满足下列要求：

1)脱模混凝土强度应不小于 15 MPa。

2)外墙板、楼板等较薄的预制构件起吊时，混凝土强度应不小于 20 MPa。

3)梁、柱等较厚的预制构件起吊时，混凝土强度不应小于 30 MPa。

4)对于预应力预制构件及拆模后需要移动的预制构件，拆模时的混凝土立方体抗压强度应不小于混凝土设计强度的 75%。

(2)构件起吊应平稳，楼板宜采用专用多点吊架进行起吊，墙板宜先采用模台翻转方式起吊，模台翻转角度不应小于 75°，然后采用多点起吊方式脱模(图 4-38)。复杂构件应采用专门的吊架进行起吊。

(a)   (b)

图 4-38　脱模

(a)预制柱脱模；(b)剪力墙板反转脱模

(3)构件脱模后，不存在影响结构性能、钢筋、预埋件或连接件锚固的局部破损和构件表面的非受力裂缝时，可用修补浆料进行表面修补后使用。构件脱模后，构件外装饰材料出现破损应进行修补(表 4-1)。

表 4-1　构件表面破损和裂缝处理方案

项目	现象	处理方案	检查依据与方法
破损	(1)影响结构性能且不能恢复的锚损	废弃	目测
	(2)影响钢筋、连接件、预埋件锚固的锚损	废弃	目测
	(3)上述(1)(2)以外的，破损长度超过 20 mm	修补 1	目测、卡尺测量
	(4)上述(1)(2)以外的，破损长度 20 mm 以下	现场修补	
裂缝	(1)影响结构性能且不可恢复的裂缝	废弃	目测
	(2)影响钢筋、连接件、预埋件锚固的裂缝	废弃	目测
	(3)裂缝宽度大于 0.3 mm，且裂缝长度超过 300 mm	废弃	目测、卡尺测量
	(4)上述(1)(2)(3)以外的，裂缝宽度超过 0.2 mm	修补 2	目测、卡尺测量
	(5)上述(1)(2)(3)以外的，宽度不足 0.2 mm，且在外表面时	修补 3	目测、卡尺测量

7. 预制构件的检验

由于装配式混凝土结构中的构件检验关系到主体的质量安全，故应予以重视。预制构件的检验包含原材料检验、隐蔽工程检验、成品检验三部分。

(1)原材料检验。预制构件生产所用的混凝土、钢筋、套筒、灌浆料、保温材料、拉结件、预埋件等应符合现行国家相关标准的规定，并应进行进厂检验，经检测合格后方可使用。预制构件采用的钢筋的规格、型号、力学性能和钢筋的加工、连接、安装等应符合现行国家标准《混凝土结构工程施工质量验收规范》(GB 50204—2015)的规定。门窗框预埋应符合现行国家标准《建筑装饰装修工程质量验收标准》(GB 50210—2018)的规定。混凝土的各项力学性能指标应符合现行国家标准《混凝土结构设计规范(2015年版)》(GB 50010—2010)的规定；钢材的各项力学性能指标应符合现行国家标准《钢结构设计标准》(GB 50017—2017)的规定；灌浆套筒的性能应符合现行行业标准《钢筋连接用灌浆套筒》(JG/T 398—2019)的规定；聚苯板的性能指标应符合现行国家标准《绝热用模塑聚苯乙烯泡沫塑料》(GB/T 10801.1—2002)和《绝热用挤塑聚苯乙烯泡沫塑料(XPS)》(GB/T 10801.2—2018)的规定。

(2)隐蔽工程检验。预制构件的隐蔽工程验收包括：钢筋的规格、数量、位置、间距，纵向受力钢筋的连接方式、接头位置、接头质量、接头面积百分率、搭接长度等；箍筋、横向钢筋的规格、数量、位置、间距，箍筋弯钩的弯折角度及平直段长度等；预埋件、吊点、插筋的规格、数量、位置等；灌浆套筒、预留孔洞的规格、数量、位置等；钢筋的混凝土保护层厚度；预制混凝土夹心保温外墙板的保温层位置、厚度，拉结件的规格、数量、位置等；预埋管线，线盒的规格、数量、位置及固定措施。预制构件厂的相应管理部门应及时对预制构件混凝土浇筑前的隐蔽分项进行自检，并做好验收记录。

(3)成品检验。预制构件在出厂前应进行成品质量验收，其检查项目包括预制构件的外观质量、预制构件的外形尺寸、预制构件的钢筋、连接套筒、预埋件、预留孔洞，预制构件的外装饰相门窗框。其检查结果和方法应符合现行国家相关标准的规定。

8. 预制构件的标识

预制构件验收合格后，应在明显部位标识构件型号、生产日期和质量验收合格标志。预制构件脱模后应在其表面醒目位置按构件设计制作图规定对每个构件进行编码。预制构件生产企业应按照有关标准规定或合同要求，对其供应的产品签发产品质量证明书，明确重要参数，有特殊要求的产品还应提供安装说明书。

9. 预制构件的储存和运输

预制构件堆放储存应符合下列规定：堆放场地应平整、坚实，并应有排水措施；堆放构件的支垫应坚实；预制构件的堆放应将预埋吊件向上，标志向外；垫木或垫块在构件下的位置宜与脱模、吊装时的起吊位置一致；重叠堆放构件时，每层构件之间的垫木或垫块应在同一垂直线上；堆垛层数应根据构件与垫木或垫块的承载能力及堆垛的稳定性确定。

预制构件的运输应制订运输计划及方案，包括运输时间、次序、堆放场地、运输线路、固定要求、堆放支垫及成品保护措施等内容。对于超高、超宽、形状特殊的大型构件的运输和堆放应采取专门的质量安全保证措施。

二、预制混凝土夹心保温外墙板制作

预制混凝土夹心保温外墙板由外叶墙板、保温板、内叶墙板三部分组成。图 4-39 所示为预制混凝土夹心保温外墙板制作流程。

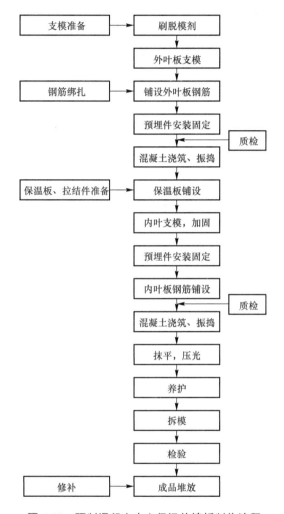

图 4-39　预制混凝土夹心保温外墙板制作流程

1. 支模准备

所有模具必须清除干净，不得存有铁锈、油污及混凝土残渣。根据生产计划合理选取模具，保证充分利用模台。对于存在变形超过规程要求的模具一律不得使用。首次使用及大修后的模板应当全数检查，使用中的模板应当定期检查，并做好检查记录。

2. 刷脱模剂、露骨料剂

脱模剂、露骨料剂使用前确保在有效使用期内，且必须涂刷均匀。

3. 组装外模板

外模板组装前，应当贴双面胶或组装后打密封胶，防止浇筑振捣过程漏浆，侧模与底模、顶模组装后必须在同一平面内,严禁出现错台,组装后校对尺寸,特别注意对角尺寸,然后使用磁盒进行加固,使用磁盒固定模具时,一定要将磁盒底部杂物清除干净,且必须将螺钉有效地压到模具上。

4. 钢筋加工

钢筋下料必须严格按照设计及下料单要求制作,首件钢筋制作,必须通知技术、质检及相关部门检查验收,制作过程中应当定期、定量检查,对于不符合设计要求及超过允许偏差的一律不得绑扎,按废料处理。对纵向钢筋(带灌浆套筒)及需要套丝的钢筋应采用无齿锯切割,不得使用切断机下料。必须保证钢筋两端平整,套丝的长度、丝距及角度必须严格按照图纸设计要求,钢筋与半灌浆套筒连接的一端需根据半灌浆套筒型号来确定与之匹配的螺纹。梁底部纵筋(直螺纹套筒连接)一般只需要套国标丝,而套丝机应当指定专人且有经验的工人操作,由质检人员不定期进行抽检。

5. 钢筋绑扎

带飞边的外模,需要增加水平分布筋,且锚入内叶部分长度不小于锚固长度,加强钢筋绑扎应当按照设计要求。在绑扎过程中,对于尺寸、弯折角度不符合设计要求的钢筋不得绑扎,一律退回。需要预留梁槽或孔洞时,应根据要求绑扎加强筋,对于梁部预留的梁槽,梁内构造筋断开处可不留保护层。

6. 预埋件加工安装固定

预埋件制作及安装应严格按照设计图纸给出的尺寸要求制作,制作安装后必须对所有预埋件的尺寸进行验收。

7. 质检(外模)

按照相关规范要求对其进行检查记录。

8. 混凝土浇筑、振捣

按照生产计划混凝土用量搅拌混凝土,混凝土浇筑过程中应注意对钢筋网片及预埋件的保护,浇筑厚度使用专门的工具测量,严格控制,振捣后应当对边角进行一次抹平,以保证构件外模与保温板之间无缝隙(图 4-40、图 4-41)。

图 4-40 外叶墙板混凝土浇筑　　图 4-41 外叶墙板混凝土振捣

9. 保温板铺设

将制作好的保温板按顺序放入，使用橡胶锤将保温板按顺序敲打密实，需特别注意边角的密实程度，严禁上人踩踏，确保保温板与外叶混凝土可靠粘结(图 4-42)。

图 4-42　保温板铺设

10. 内模加固

将组装好的内模具(绑扎好钢筋)按照提前测量好的位置放到外叶上，确保一次准确，避免来回拖动导致连接件及保温板的挠动，微调至设计尺寸后进行加固，保证内模与保温层之间无缝隙。

11. 预埋件安装

内、外剪力墙灌浆套筒与底模之间不允许存在缝隙，外露纵筋位置及尺寸确保符合设计要求；构件吊钉尾翼钢筋应当根据要求及构件尺寸选取，尾翼钢筋必须绑扎牢固，穿孔处下部不得留有缝隙，防止吊装过程中出现裂缝。

12. 质检

浇筑前，对内模板的尺寸、钢筋绑扎、预埋件安装等按照验收方法进行检查，并做好隐蔽工程记录。

13. 混凝土浇筑、振捣(内模)

浇筑时，避免将混凝土洒落到保温板上。对洒落的混凝土应当及时进行清理。在浇筑过程中，应对边角及灌浆套筒进行充分有效振捣，避免出现漏振造成蜂窝、麻面现象(图 4-43)。
浇筑时，按照试验室要求预留试块。

图 4-43　内叶墙板混凝土浇筑

14. 抹平压光

构件浇筑完成后进行一次收面，收面过程中应当检查外露的钢筋及预埋件，并按照要求调整。

15. 养护

混凝土养护可采用覆盖浇水和塑料薄膜覆盖的自然养护、化学保护膜养护和蒸汽养护方法。梁、柱等体积较大预制构件宜采用自然养护方式；楼板、墙板等较薄预制构件，宜采用蒸汽养护方式。预制构件采用加热养护时，应制定相应的养护制度，宜在常温下放置 2～6 h，升温、降温速度不应超过 20 ℃/h，最高养护温度不宜超过 70 ℃，预制构件出蒸养窑的温度与环境温度的差值不宜超过 25 ℃。

16. 拆模

构件拆模应严格按照顺序拆模，严禁使用振动、敲打的方式拆模；构件拆模时，应仔细检查，确认构件与模具之间的连接部分完全拆除后，方可起吊；起吊时，预制构件的混凝土立方体抗压强度应满足设计要求。

任务四　预制构件的存储和运输

>> **学习内容**

(1)预制构件堆放方式；

(2)预制构件存储规定；

(3)预制构件运输车辆及固定方式；

(4)预制构件运输安全及成品防护要求。

>> **知识解读**

一、预制构件的存储

1. 预制构件堆放方式

预制构件堆放存储通常可采用平面堆放或竖向固定两种方式。楼板、楼梯、梁和柱通常采用平面堆放方式，墙板构件一般采用竖向固定方式(图 4-44)。墙板的竖向固定方式通常采用存储架来固定，存储架有多种方式，可分为固定式存储架、模块式存储架(图 4-45)。模块式存储架可以设计成专用存储架或集装箱式存储架。

2. 预制构件存储规定

(1)存放场地应平整、坚实，并应有排水措施；

(2)存放库区宜实行分区管理和信息化台账管理；

(3)应按照产品品种、规格型号、检验状态分类存放，产品标识应明确、耐久，预埋吊件应朝上，标识应向外；

(4)应合理设置垫块支点位置，确保预制构件存放稳定，支点宜与起吊点位置一致；

(5)与清水混凝土面接触的垫块应采取防污染措施；

(6)预制构件多层叠放时每层构件之间的垫块应上下对齐；预制楼板、叠合板、阳台板和空调板等构件宜平放，平放层数不宜超过6层；长期存放时，应采取措施控制预应力构件起拱值和叠合板翘曲变形；

(7)预制柱、梁等细长构件宜平放且用两条垫木支撑；

(8)预制内外墙板、挂板宜采用专用支架直立存放，支架应有足够的强度和刚度，薄弱构件、构件薄弱部位和门窗洞口应采取防止变形开裂的临时加固措施。

 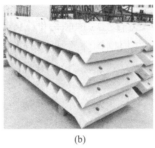 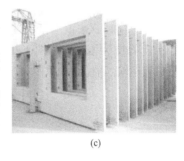

(a)   (b)   (c)

图 4-44　预制构件堆放

(a)预制叠合楼板；(b)预制楼梯板；(c)预制剪力墙板

(a)   (b)

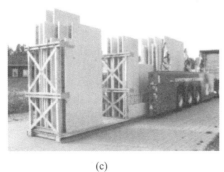 

(c)   (d)

图 4-45　预制构件存储架

(a)固定式存储架；(b)模块式存储架；(c)专用存储架；(d)集装箱式存储架

二、预制构件的运输

1. 运输车辆及固定方式

预制构件的运输首先应考虑公路管理部门的要求和运输路线的实际状况，以满足运输安全为前提。装载构件后，货车的总宽度不超过 2.5 m，货车总高度不超过 4.0 m，总长度不超过 15.5 m，一般情况下，货车总质量不超过汽车的允许载重，且不得超过 40 t。特殊构件经过公路管理部门的批准并采取措施后，货车总宽度不超过 3.3 m，货车总高度不超过 4.2 m，总长度不超过 24 m，总载重不超过 48 t。

目前，国内三一重工和中国重汽均有生产预制构件专用运输车。预制构件的运输可采用低平板半挂车或专用运输车(图 4-46)，并根据构件的种类不同而采取不同的固定方式，楼板采用平面堆放式运输、墙板采用斜卧式运输或立式运输、异形构件采用立式运输(图 4-47)。

图 4-46　构件专用运输车

(a)　　　　　　　　　　　　　　　　(b)

(c)　　　　　　　　　　　　　　　　(d)

图 4-47　构件运输方式

(a)楼板采用平面堆放式运输；(b)墙板采用立式运输；(c)墙板采用斜卧式运输；(d)异形构件采用立式运输

2. 安全和成品防护要求

在运输过程中，预制构件应做好安全和成品防护，并应符合下列规定：

（1）应根据预制构件种类采取可靠的固定措施。

（2）对于超高、超宽、形状特殊的大型预制构件的运输和存放应制订专门的质量安全保证措施。

（3）运输时宜采取以下防护措施：

1）设置柔性垫片避免预制构件边角部位或链索接触处的混凝土损伤。

2）用塑料薄膜包裹垫块避免预制构件外观污染。

3）墙板门窗框、装饰表面和楼角采用塑料贴膜或其他措施防护。

4）竖向薄壁构件设置临时防护支架。

5）装箱运输时，箱内四周采用木材或柔性垫片填实，支撑牢固。

（4）应根据构件特点采用不同的运输方式，对托架、靠放架、插放架应进行专门设计，进行强度、稳定性和刚度验算：

1）外墙板宜采用立式运输外饰面层应朝外，梁、板、楼梯、阳台宜采用水平运输。

2）采用靠放架立式运输时，构件与地面倾斜角度宜大于 $80°$，构件应对称靠放，每侧不大于 2 层，构件层间上部采用木垫块隔离。

3）采用插放架直立运输时，应采取防止构件倾倒措施，构件之间应设置隔离垫块。

4）水平运输时，预制梁、柱构件叠放不宜超过 3 层，板类构件叠放不宜超过 6 层。

》》知识拓展

扫描二维码，自主学习预制构件成品的质量检验。

课后复习思考题

一、单选题

1.《混凝土结构设计规范（2015 年版）》（GB 50010—2010）中规定，室内干燥环境混凝土的最大水胶比为（　　）。

　　A. 0.4　　　　　　　　B. 0.5　　　　　　　　C. 0.6　　　　　　　　D. 0.7

2. 预制混凝土工程量均按图示实体体积以 m^3 计算，不扣除构件内钢筋，铁件及小于（　　）以内孔洞面积。

　　A. 300 mm×300 mm　　　　　　　　B. 400 mm×400 mm

　　C. 500 mm×500 mm　　　　　　　　D. 600 mm×600 mm

3. 混凝土需要进行抗压强度检验，取样的地点在(　　)。

    A. 混凝土浇筑时　　　　　　　　　　B. 混凝土搅拌站出料时

    C. 空中运输车下料前　　　　　　　　D. 混凝土搅拌过程中

4. 预制构件的混凝土强度等级不宜低于(　　)。

    A. C25　　　　　　B. C30　　　　　　C. C35　　　　　　D. C40

5. 混凝土需要进行抗压强度检验，取样的地点在(　　)。

    A. 混凝土浇筑时　　　　　　　　　　B. 混凝土搅拌站出料时

    C. 空中运输车下料前　　　　　　　　D. 混凝土搅拌过程中

6. 预制构件出厂时，混凝土强度不宜低于设计混凝土强度等级值的(　　)。

    A. 50%　　　　　　B. 75%　　　　　　C. 90%　　　　　　D. 80%

7. 当温度高于25 ℃时，混凝土从出机到浇筑完毕的延续时间不宜超过(　　)min。

    A. 30　　　　　　B. 50　　　　　　C. 60　　　　　　D. 90

8. 当温度低于25 ℃时，混凝土从出机到浇筑完毕的延续时间不宜超过(　　)min。

    A. 30　　　　　　B. 50　　　　　　C. 60　　　　　　D. 90

9. 叠合面粗糙面应在(　　)进行拉毛处理。

    A. 混凝土初凝前　　　　　　　　　　B. 混凝土初凝后

    C. 混凝土浇筑后　　　　　　　　　　D. 混凝土振捣后

10. 预制构件养护时，养护窑内升、降温速度不宜超过(　　)℃/h，最高养护温度不宜超过(　　)℃。

    A. 10，70　　　　B. 20，70　　　　C. 10，80　　　　D. 20，80

11. 预制构件脱模时的表面温度与环境温度的差值不宜超过(　　)℃。

    A. 15　　　　　　B. 20　　　　　　C. 25　　　　　　D. 30

12. 预制构件脱模起吊时的混凝土强度应经设计计算确定，不宜小于(　　)MPa。

    A. 15　　　　　　B. 20　　　　　　C. 25　　　　　　D. 30

13. 吊索的水平夹角不宜小于(　　)，不应小于(　　)。

    A. 60°，45°　　　B. 45°，60°　　　C. 40°，70°　　　D. 70°，40°

14. 关于预制构件存放要求，以下说法错误的是(　　)。

    A. 存放场地应平整、坚实

    B. 存放库区宜实行分区管理和信息化台账管理

    C. 预制构件应分类存放，标识向内

    D. 预制构件存放时应设置支点位置

15. 预制构件应按照产品品种、规格型号、检验状态分类存放，产品标识应明确、耐久、向(　　)。

    A. 外　　　　　　B. 内　　　　　　C. 上　　　　　　D. 下

16. 根据预制构件的特点不同，以下不属于预制构件常用存放架的是(　　)。

    A. 托架　　　　　　B. 防护支架

    C. 靠放架　　　　　D. 插放架

17. 关于模具组装过程中，以下说法不正确的是（　　）。

　　A. 模台清理后，要进行喷油机喷涂脱模剂工序

　　B. 划线时应设置基准点，并根据构件尺寸来划线

　　C. 可以先组装模具，再划线

　　D. 采用螺栓、定位销、磁盒等工具来固定模具

18. 采用振捣棒进行混凝土分层振捣时，振捣棒的前端应插入前一层混凝土的深度（　　）。

　　A. 不小于 30 mm　　　　　　　　　B. 不小于 40 mm

　　C. 不小于 50 mm　　　　　　　　　D. 不小于 60 mm

19. 关于装配式预制构件的制作和运输，以下说法不正确的是（　　）。

　　A. 制订加工制作方案、质量控制标准

　　B. 保温材料需要定位及保护

　　C. 必须进行加工详图设计

　　D. 模具、钢筋骨架、钢筋网片、钢筋、预埋件加工不允许偏差

20. 模具与模台之间不可采用固定方式的是（　　）。

　　A. 螺栓　　　　　B. 定位销　　　　　C. 磁盒　　　　　D. 预埋件

21. 以下不是预制构件外观质量缺陷处理方法的是（　　）。

　　A. 废弃　　　　　B. 浆料修补　　　　　C. 现场修补　　　　　D. 存放

二、简答题

1. 混凝土预制构件应怎样进行养护？

2. 预制构件拆模后起吊时，其混凝土强度应满足哪些要求？

3. 预制构件堆放时应注意哪些事项？

4. 预制混凝土构件安全生产的原则是什么？

5. 简述预制混凝土叠合楼板的制作工艺流程。

项目五　装配式混凝土结构施工

学习目标

　　了解装配式混凝土结构工程施工准备内容；掌握预制混凝土剪力墙、框架柱、预制叠合楼板和预制叠合梁、预制阳台板、预制空调板、预制混凝土楼梯、预制混凝土外挂墙板的现场施工工艺和要点；掌握施工现场安全管理相关知识。

　　通过预制构件吊装和钢筋套筒灌浆等内容的学习，培养学生牢固树立安全意识，质量意识。

任务一　　装配式混凝土结构工程的施工准备

学习内容

　　(1)装配式混凝土结构专项施工方案编制的内容；

　　(2)施工现场的平面布置；

　　(3)预制构件的运输、堆放；

　　(4)预制构件入场检验；

　　(5)人员培训、安全技术交底；

　　(6)吊装、运输设备及其他辅助设备的选用与准备；

　　(7)钢筋套筒灌浆连接设备、用具的选择，套筒灌浆钢筋接头试验。

知识解读

一、装配式混凝土结构专项施工方案的编制

　　装配式混凝土结构施工应制订专项施工方案。方案要突出装配式结构施工的特点，对施工组织及部署的科学性、施工工序的合理性、施工方法选用的技术性、经济性和可实现性进行科学的论证；能够达到科学合理地指导现场，组织调动人、机、料、具等资源完成装配式安装的总体要求；针对一些技术难点提出解决问题的方法。专项施工方案宜包括工程概况、编制依据、进度计划、施工现场平面布置、预制构件场内运输与堆放、预制构件

入场检验安装与连接施工、绿色施工、安全管理、质量管理、信息化管理等内容。

1. 工程概况

工程概况包括工程总体简介、建筑和结构设计特点、工程环境特征等。

（1）工程总体简介：主要包括工程名称、地址、建筑规模和施工范围；建设单位、设计、监理单位；质量目标和安全目标。

（2）建筑和结构设计特点：主要包括结构安全等级、抗震等级、地质水文、地基与基础结构及消防、保温等要求，同时，要重点说明装配式结构体系和工艺特点，对工程难点和关键部位要有清晰的预判。

（3）工程环境特征：场地供水、供电、排水情况；与装配式结构紧密相关的气候条件：雨、雪、风特点；对构件运输影响大的道路桥梁情况。

2. 编制依据

编制依据主要包括指导施工所必需的施工图（包括构件拆分图和构件布置图）和相关的国家标准、行业标准、省和地方标准与强制性条文及企业标准。

3. 进度计划

合理划分流水施工段是保证装配式结构工程施工质量和进度及高效进行现场组织管理的前提条件。装配式混凝土结构工程一般以一个单元为一个施工段，从每栋建筑的中间单元开始流水施工。

对于装配式结构应该编制预制构件明细表，见表5-1。预制构件明细表的编制和施工段的划分为预制构件生产计划的安排、运输和吊装的组织提供了非常重要的依据。

进度计划应包括结构总体施工进度计划、构件生产计划、构件安装计划、分部和分项工程施工进度计划等，表5-2为某装配式混凝土结构标准层进度计划。预制构件运输包括车辆数量、运输路线、现场装卸方法、起重和安装计算。

表 5-1 预制构件明细表示例

序号	构件编号	安装位置 ×轴～×轴	楼层	性质							尺寸			重量	备注
				外墙	内墙	剪力墙	填充墙	梁	叠合板	楼梯	长	宽	高		

表 5-2 某装配式混凝土结构标准层进度计划

序号	项目	1	2	3	4	5	6	7	8	9	10
1	墙下坐浆										
2	预制墙体吊装										
3	墙体注浆										
4	竖向构件钢筋绑扎										
5	支设竖向构件模板										
6	吊装叠合梁										
7	吊装叠合楼板										

序号	项目	1	2	3	4	5	6	7	8	9	10
8	绑扎叠合板楼面钢筋										
9	电气配管预埋预留										
10	浇筑竖向构件及叠合板混凝土										
11	吊装楼梯										

4. 施工现场平面布置

现场平面布置图是在拟建工程的建筑平面上(包括周围环境),布置为施工服务的各种临时建筑、临时设施及材料、施工机械、预制构件堆放场地等,是施工方案在现场的空间体现。其反映已有建筑与拟建工程之间、临时建筑与临时设施之间的相互空间关系。施工现场布置的恰当与否、执行的好坏,对现场的施工组织、文明施工,以及施工进度、工程成本、工程质量和安全都将产生直接的影响。根据现场不同施工阶段,施工现场现场总平面布置图可分为基础工程施工总平面图、装配式结构工程施工阶段现场总平面图、装饰装修阶段施工总平面布置图。现针对装配式建筑施工重点介绍装配式结构工程施工阶段现场总平面图的设计与管理工作。

(1)施工总平面图的布置内容。

1)装配式建筑项目施工用地范围内的地形状况。

2)全部拟建建(构)筑物和其他基础设施的位置。

3)项目施工用地范围内的构件堆放区、运输构件车辆装卸点、运输设施。

4)供电、供水、供热设施与线路、排水排污设施、临时施工道路。

5)办公用房和生活用房。

6)施工现场机械设备布置图。

7)现场常规的建筑材料及周转工具。

8)现场加工区域。

9)必备的安全、消防、保卫和环保设施。

10)相邻的地上、地下既有建(构)筑物及相关环境。

(2)施工总平面图的布置原则。

1)平面布置科学合理,减少施工场地的占用面积。

2)合理规划预制构件堆放区域,减少二次搬运;构件堆放区域单独隔离设置,禁止无关人员进入。

3)施工区域的划分和场地的临时占用应符合总体施工部署和施工流程的要求,减少相互干扰。

4)充分利用既有建(构)筑物和既有设施为项目施工服务,降低临时设施的建造费用。

5)临时设施应方便生产和生活,办公区、生活区、生产区宜分离设置。

6)符合节能、环保、安全和消防等要求。

7)遵守当地主管部门和建设单位关于施工现场安全文明施工的相关规定。

(3)施工总平面图的设计要点。

1)设置大门,引入场外道路。施工现场考虑设置两个以上大门。大门应考虑周边路网情况、道路转弯半径和坡度限制，大门的高度和宽度应满足大型运输构件车辆的通行要求。

2)布置大型机械设备。布置塔式起重机时，应充分考虑其塔臂覆盖范围、塔式起重机端部吊装能力、单体预制构件的重量。

3)布置构件堆场。构件堆场应满足施工流水段的装配要求，且应满足大型运输车辆、汽车起重机的通行、装卸要求。为保证现场施工安全，构件堆场应设围挡，防止无关人员进入。

4)布置构件运输车辆装卸点。预制构件采用大型运输车辆运输，运输构件多、装卸时间长，因此，应该合理地布置构件运输车辆装卸点，以免因车辆长时间停留影响场内道路的畅通，阻碍现场其他工序的正常作业。装卸点应设在塔式起重机或起重设备的塔臂覆盖范围之内，且不宜设置在道路上。

图 5-1 所示为某装配式建筑施工总平面布置示例。

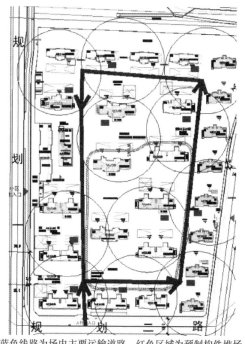

蓝色线路为场内主要运输道路，红色区域为预制构件堆场

图 5-1 某装配式建筑施工总平面布置图示例

5. 预制构件场内运输与堆放

预制构件场内运输与存放计划包括进场时间、次序、存放场地、运输线路、构件固定要求、码放支垫及成品保护措施等内容。对于超高、超宽、形状特殊的大型构件的运输和码放应采取专项质量安全保证措施。

(1)预制构件运输。预制构件的运输车辆应满足构件尺寸和载重要求。装卸与运输时，现场运输道路和存放堆场应坚实、平整，并有排水措施；运输车辆进入施工现场的道路，应满足预制构件的运输要求；预制构件装卸、吊装的工作范围内不应有障碍物，并应有满足预制构件周转使用的场地。

(2)预制构件堆放。预制构件运送到现场后，应按规格、品种、使用部位、吊装顺序分别设置存放场地。堆放场地应设置在起重机的有效吊重覆盖范围半径内，并设置通道。预制构件堆放场地应平整、坚实，并应有排水措施；预埋吊件应朝上，标识宜朝向堆垛间的通道；构件支垫应坚实，垫块在构件下的位置宜与脱模、吊装时的起吊位置一致；重叠堆放构件时，每层构件之间的垫块应上、下对齐，堆垛层数应根据构件、垫块的承载力确定，并应根据需要采取防止堆垛倾覆的措施；堆放预应力构件时，应根据构件起拱值的大小和堆放时间采取相应措施。

预制构件堆放如图 5-2 所示，预制楼板、叠合板、阳台板和空调板等构件宜平放，叠放层数不宜超过 6 层，预制楼梯板的叠放层数不宜超过 4 层。长期存放时，应采取措施控制预应力构件起拱值和叠合板翘曲变形。

预制墙板宜采用对称插放或靠放存放，支架应有足够的刚度，并支垫稳固。预制外墙板宜对称靠放、饰面朝外，且与地面倾斜角度不宜小于 80°。预制墙板插放于墙板专用堆放架上，堆放架应满足强度、刚度和稳定性的要求，堆放架必须设置防磕碰、防下沉的保护措施。

(a)   (b)

(c)   (d)

图 5-2　预制构件堆放

(a)预制叠合板存放；(b)预制楼梯板存放；(c)预制墙板插放；(b)预制墙板靠放

6. 预制构件入场检验

(1)预制构件混凝土外观质量不应有严重缺陷，对入场的预制构件的外观质量和应进行全数检查，见表 5-3。

表 5-3 预制构件外观质量判定方法

项目	现象	质量要求	判定方法
露筋	钢筋未被混凝土完全包裹而外露	受力主筋不应有,其他构造钢筋和箍筋允许少量	观察
蜂窝	混凝土表面石子外露	受力主筋部位和支撑点位置不应有,其他部位允许少量	观察
孔洞	混凝土中孔穴深度和长度超过保护层厚度	不应有	观察
夹渣	混凝土中夹有杂物且深度超过保护层厚度	禁止夹渣	观察
外形缺陷	内表面缺棱掉角、表面翘曲、抹面凹凸不平,外表面面砖粘结不牢、位置偏差、面砖嵌缝没有达到横平竖直、转角面砖棱角不直、面砖表面翘曲不平	内表面缺陷基本不允许,要求达到预制构件允许偏差;外表面仅允许极少量缺陷,但禁止面砖粘结不牢、位置偏差、面砖翘曲不平,不得超过允许值	观察
外表缺陷	内表面麻面、起砂、掉皮、污染,外表面面砖污染、窗框保护纸破坏	允许少量污染等不影响结构使用功能和结构尺寸的缺陷	缺陷
连接部位缺陷	连接处混凝土缺陷及连接钢筋、连接件松动	不应有	观察
破损	影响外观	影响结构性能的破损不应有,不影响结构性能和使用功能的破损不宜有	观察
裂缝	裂缝贯穿保护层到达构件内部	影响结构性能的裂缝不应有,不影响结构性能和使用功能的裂缝不宜有	观察

(2)预制构件不应有影响结构性能和安装、使用功能的尺寸偏差。入场的预制构件的尺寸偏差应符合表 5-4 的规定,对于施工过程中临时使用的预埋件中心线位置及后浇混凝土部位的预制构件尺寸偏差可按表中的规定放大一倍执行。检查数量:按同一生产企业、同一品种的构件,不超过 100 个为一批,每批抽查构件数量的 5%,且不少于 3 件。

表 5-4 预制构件尺寸的允许偏差及检验方法

项目			允许偏差/mm	检验方法
长度	板、梁、柱、桁架	<12 m	±5	尺量检查
		≥12 m 且<18 m	±10	
		≥18 m	±20	
	墙板		±4	
宽度、高(厚)度	板、梁、柱、桁架截面积尺寸		±5	钢尺量一端及中部,取其中偏差绝对值较大处
	墙板外表面		±3	
表面平整度	板、梁、柱、墙板内表面		5	2 m 靠尺和塞尺检查
	墙板外表面		3	
侧向弯曲	板、梁、柱		$l/750$ 且≤20	拉线,钢尺量最大侧向弯曲处
	墙板、桁架		$l/1\,000$ 且≤20	

项目		允许偏差/mm	检验方法
翘曲	板	$l/750$	调平尺在两端测量
	墙板	$l/1\,000$	
对角线差	板	10	钢尺量两个对角线
	墙面	5	
挠曲变形	梁、板、桁架设计起拱	±10	拉线、钢尺量最大弯曲处
	梁、板、桁架下垂	0	
预留孔	中心线位置	5	尺量检查
	孔尺寸	±5	
预留洞	中心线位置	10	尺量检查
	洞口尺寸、深度	±10	
门窗口	中心线位置	5	尺量检查
	宽度、高度	±3	
预埋件	预埋板中心线位置	5	尺量检查
	预埋板与混凝土面平面高差	0，−5	
	预埋螺栓中心线位置	2	
	预埋螺栓外露长度	＋10，−5	
	预埋螺栓、预埋套筒中心线位置	2	
	预埋套筒、螺母与混凝土面平面高差	0，−5	
	线管、电盒、木砖、吊环与构件平面的中心线位置偏差	20	
	线管、电盒、木砖、吊环与构件表面混凝土高差	0，−10	
预留插筋	中心线位置	3	尺量检查
	外露长度	＋5，−5	
键槽	中心线位置	5	尺量检查
	长度、宽度、深度	±5	

（3）应详细复查其粗糙面（露骨料）（图 5-3）是否达到规范和设计要求；检查灌浆套筒是否畅通、有无异物和油污；检查钢筋的锚固方式及锚固长度。

图 5-3 预制墙板侧面粗糙面

（4）检查并留存出厂合格证及查收以下证明文件：

1）预制构件隐蔽工程质量验收表。

2）预制构件出厂质量验收表。

3）钢筋进厂复验报告。

4）混凝土留样检验报告。

5）保温材料、拉结件、套筒等主要材料进厂复验检验报告。

6）产品合格证。

7）产品说明书。

8）其他相关的质量证明文件等资料。

7. 安装与连接施工

装配式混凝土结构现场安装与连接施工应符合现行国家、行业及省相关标准的规定。构件安装工艺主要包括测量放线、构件吊装、临时固定、节点施工、成品保护及修补措施等。

8. 绿色施工

通过先进技术和科学管理，降低施工过程对环境的不利影响。

9. 安全管理

装配式混凝土建筑施工应执行国家、地方、行业和企业的安全生产法规和规章制度，落实各级各类人员的安全生产责任制。应对施工作业使用的专用吊具、吊索、定型工具式支撑、支架等进行安全验算，使用中进行定期、不定期检查，确保其处于安全状态。施工单位应对从事预制构件吊装作业及相关人员进行安全培训与交底，识别预制构件进场、卸车、存放、吊装、就位各环节的作业风险，并制订防控措施。

10. 质量管理

构件安装的专项施工质量管理。

11. 信息化管理

以 BIM 技术为导向的信息化管理可以使各参建方在信息平台上协同工作，能实现各参建方随时进行信息的沟通、交流，传递各种文件。

二、人员准备

1. 人员培训

根据装配式混凝土结构工程的管理和施工技术特点，对管理人员及作业人员进行专项培训，严禁未培训者上岗及培训不合格者上岗；要建立完善的教育和考核制度，通过定期考核和技能竞赛等形式提高职工素质。对于长期从事装配式混凝土结构施工的企业，应逐步建立专业化的施工队伍。

钢筋灌浆套筒作业是装配式结构的关键工序，是有别于现浇混凝土结构的新工艺。施工前，应对工人进行专门的灌浆作业技能培训，模拟现场灌浆施工作业流程，提高注浆工人的质量意识和业务技能，以确保构件灌浆作业的施工质量。

2. 技术和安全交底

技术交底的内容包括图纸交底、施工方案交底、设计变更交底、分项工程技术交底。技术交底采用三级制，即项目技术负责人→施工员→班组长。项目技术负责人向施工员进行交底时，要求细致、齐全，并应结合具体操作部位、关键部位的质量要求、操作要点及安全注意事项等进行交底。施工员接受交底后，应反复、细致地向操作班组进行交底。除口头和文字交底外，必要时应进行图表、样板、示范操作等方法的交底。班组长在接受交底后，应组织工人进行认真讨论，保证其明确施工意图。

对于现场施工人员要坚持每日班前会制度，与此同时进行安全教育和安全交底，做到安全教育天天讲，安全意识念念不忘。

三、设备的选用与准备

1. 场内转场运输设备

场内转场运输设备应根据现场的具体实际道路情况合理选择。若场地大可以选择拖板运输车（图 5-4）；若场地小可以采用拖拉机拉拖盘车（图 5-5）；在塔式起重机难以覆盖的情况下，可以采用随车起重机转运墙板（图 5-6）。

图 5-4　大型构件使用拖板运输车

图 5-5　拖拉机拉拖盘车运输墙板

图 5-6　随车起重机转运墙板

2. 起重吊装设备

起重作业一般包括两种：一种是与主体有关的预制混凝土构件和模板、钢筋及临时构件的水平与垂直起重；另一种是设备管线、电线、设备机器及建设材料、板类、砂浆、厨房配件等装修材料的水平和垂直起重。

装配式混凝土工程中选用的起重机械，根据设置形态可分为固定式和移动式。施工时要根据预制构件的形状、尺寸、重量和作业半径等要求选择吊具和起重设备，应满足最大预制构件吊装作业要求。塔式起重机应有有安装和拆卸空间，轮式或履带式起重设备应有移动式作业空间和拆卸空间，起重机械的提升速度或下降速度应满足预制构件的安装和调整要求。同时，起重机械选择时还需综合考虑起重机械的租赁费用、组装与拆卸费用。常用的起重设备有以下几种：

（1）汽车起重机（图5-7）。汽车起重机是以汽车为底盘的动臂起重机，主要优点是机动灵活。在装配式工程中，主要是用于低层钢结构吊装和外墙吊装、现场构件二次倒运、塔式起重机或履带起重机的安装与拆卸等。

图5-7　汽车起重机

（2）履带起重机（图5-8）。履带起重机也是一种动臂起重机。其机动性不如汽车起重机，其动臂可以加长、起重量大，并在起重力矩允许的情况下可以吊重行走。在装配式建筑工程中，主要应用于大型预制构件的装卸和吊装，大型塔式起重机的安装与拆卸，以及塔式起重机难以覆盖的吊装死角的吊装等。

图5-8　履带起重机

（3）塔式起重机（图5-9）。目前，用于建筑工程的塔式起重机按架设方式可分为固定式、附着式（图5-10）、内爬式（图5-11）；按变幅形式可分为动臂变幅塔机和小车变幅塔机两种。

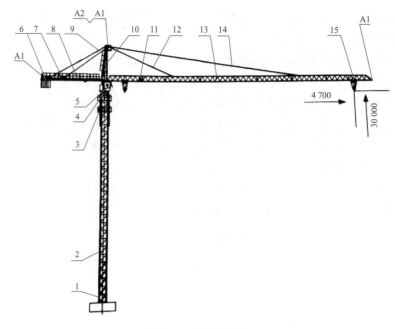

图 5-9　塔式起重机

1—基础节；2—塔身；3—爬升套架及顶升机构；4—回转座；5—驾驶室；6—配重；7—起升机构；
8—平衡臂；9—平衡臂拉杆；10—塔帽；11—小车牵引机构；12—内拉杆；13—起重臂；
14—外拉杆；15—小车及吊钩；A1—障碍灯；A2—风速仪

图 5-10　附着式塔式起重机

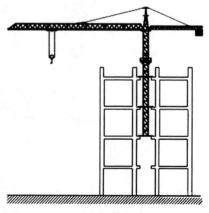

图 5-11　内爬式塔式起重机

1)塔式起重机选型。对于装配式结构，首先要满足起重高度的要求，塔式起重机的起重高度应该等于建筑物高度＋安全吊装高度＋预制构件最大高度＋索具高度。塔式起重机的型号取决于装配式建筑的工程规模，如小型多层装配式建筑工程，可选择小型的经济型塔式起重机；高层建筑的塔式起重机宜选择与之相匹配的塔式起重机。

2)塔式起重机覆盖面的要求。塔式起重机的型号决定了其的臂长幅度，布置塔式起重机时，塔臂应覆盖堆场构件，避免出现覆盖盲区，减少预制构件的二次搬运。含有主楼、裙房的高层建筑，塔臂应全面覆盖主体结构部分和堆场构件存放位置，裙楼力求塔臂全部覆盖。当出现难以解决的楼边覆盖时，可考虑采用临时租用汽车起重机解决裙房边角垂直运输问题，不能盲目加大塔式起重机型号，应认真进行技术经济比较分析后确定方案。

3)最大起重能力的要求。起重量×工作幅度＝起重力矩。在塔式起重机的选型中，应结合塔式起重机的尺寸及起重量荷载的特点，重点考虑施工过程中最重的预制构件对塔式起重机吊运能力的要求，应根据其存放的位置、吊运的部位、与塔中心的距离，确定该塔式起重机是否具备相应的起重能力。确定塔式起重机方案时应留有余地，一般实际起重力矩在额定起重力矩的75％以下。

4)塔式起重机的定位。塔式起重机与外脚手架的距离应该大于0.6 m；塔式起重机和架空电线的最小安全距离应该满足表5-5的要求；当群塔施工时，两台塔式起重机的水平吊臂之间的安全距离应大于2 m，一台塔式起重机的水平吊臂和另一台塔式起重机的塔身的安全距离也应大于2 m。

表5-5　塔式起重机和架空电线的安全距离

安全距离/m	电压/kV				
	＜1	1～15	20～40	60～110	220
沿垂直方向	1.5	3.0	4.0	5.0	6.0
沿水平方向	1.5	2.0	3.5	4.0	6.0

塔式起重机臂长是指塔身中心到起重小车吊钩中心的距离。塔式起重机臂长随着小车的行走是变化的，随着塔式起重机臂长的变化，塔式起重机的起重能力也是变化的。通常，以塔式起重机的最大工作幅度作为塔式起重机臂长的参数，QTZ125(6018)表示自升式塔式起重机，公称起重力矩为1 250 kN·m，臂长为60 m，在臂端60 m处起重量为1.8 t。目前，国内常用塔式起重机型号如下：

QTZ31.5(3808)/(4206)/(4306)

QTZ40(4208)/(4708)/(4808)/(4908)

QTZ50(5008)/(5010)

QTZ63(5013)/(5310)/(5610)

QTZ80(5312)/(5513)/(6010)

QTZ125(5025)/(5522)/(6018)

QTZ160(6024)/(6516)/(7012)

QTZ250(7030)/(7520)

QTZ315(7040)/(7530)

对于装配式建筑，当采用附着式塔式起重机时，必须提前考虑附着锚固点的位置。附着锚固点的位置应该选择在剪力墙边缘构件后浇筑混凝土部位，并考虑加强措施，如图 5-12 所示。

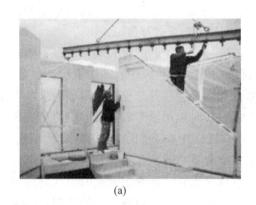

(a)　　　　　　　　　　　　　　　　　　(b)

图 5-12　吊具

(a)梁式吊具；(b)框式吊具

内爬式塔式起重机简称内爬吊（图 5-11），是一种安装在建筑物内部电梯井或楼梯间里的塔式起重机，可以随施工进程逐步向上爬升，通过重复顶升操作，直至达到建筑物需要的高度。除专用内爬塔式起重机外，一般自升式塔式起重机通过更换爬升系统及改造、增加一些附件，也可用作内爬吊。

内爬式塔式起重机在建筑物内部施工时，不占用施工场地，适用于现场狭窄的工程；无须铺设轨道，无须专门制作钢筋混凝土基础，施工准备简单（只需预留洞口，局部提高强度），节省费用；无须多道锚固装置和复杂的附着作业；作业范围大，内爬式塔式起重机设置在建筑物中间，能覆盖装配式建筑所有预制构件的吊装，伸出建筑物的幅度小，可有效避开周围障碍物和人行道等；由于起重臂可以较短，起重性能得到充分的发挥；只需少量的标准节，一般塔身为 30 m（风载荷小）即可满足施工要求，一次性投资少，建筑物高度越高，经济效益越显著。

由于附着式塔式起重机与建筑附着部分的装配式墙板和结构关联部分必须进行加强处理，在附着式塔式起重机拆除后还需要对其的附着加固部分做修补处理，因此，在装配式建筑工程中推广使用内爬式塔式起重机的意义则更加突出。

3. 吊具的选择与验算

（1）吊具选择。应根据预制构件的形状、尺寸、重量等参数选择适宜的吊具；吊点数量、位置应经计算确定；应保证吊具连接可靠，并应采取保证起重设备的主钩位置、吊具及构件重心在竖直方向上重合的措施；在吊装过程中，吊索水平夹角不宜小于 60°，且不应小于 45°；对于尺寸较大或形状复杂的预制构件应选择设置分配梁式吊具[图 5-12（a）]、分配桁架式吊具、分配框式吊具[图 5-12（b）]。在吊装过程中，应均衡起吊就位，不出现摇摆、倾斜、转动、翻倒等现象。吊点可采用预埋吊环或埋置接驳器的形式。专用预埋螺母或预埋吊钉及配套的吊具，应根据相应的产品标准和应用技术规定选用。在说明中提供吊装图的构件，应按吊装图进行吊装。当构件无设计吊钩（点）时，应通过计算确定绑扎点的位置，绑扎的方法应保证可靠和摘钩简便安全。

（2）吊具验算。现以图 5-13 所示的梁式吊具为例进行验算。

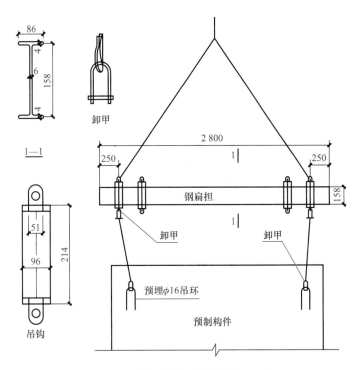

图 5-13　梁式吊具验算（单位：mm）

以板块质量为 4.02 t、钢丝绳与梁式吊具成 45°夹角进行验算。

1）钢丝拉绳的强度计算。钢丝拉绳（斜拉杆）的轴力 R 取最大值进行计算：

$$R = 20.1 \times 1.414 = 28.4 (\text{kN})$$

钢丝绳的容许拉力按照下式计算：

$$[F_g] = \frac{\alpha F_g}{K}$$

式中　$[F_g]$——钢丝绳的容许拉力（kN）；

　　　F_g——钢丝绳的钢丝破断拉力总和（kN），计算中可以近似计算 $F_g = 0.5d_2$，d_2 为钢丝绳直径（mm）；

　　　α——钢丝绳之间的荷载不均匀系数，对 6×19、6×37、6×61 钢丝绳分别取 0.85、0.82 和 0.8；

　　　K——钢丝绳使用安全系数，取 6.0。

选择钢丝绳的破断拉力应大于 $3.000 \times 28.4 / 0.820 = 103.90 (\text{kN})$。

选择 $6 \times 37 + 1$ 钢丝绳，钢丝绳公称抗拉强度为 1 550 MPa，直径为 19.5 mm，受拉承载力为 213.5 kN。

2）钢丝扣绳吊环的强度计算。以钢丝拉绳（斜拉杆）的轴力 R 为计算依据，则吊环的拉力为

$$N = R / 2 = 28.4 / 2 = 14.2 (\text{kN})$$

吊环强度计算公式为

$$\sigma = \frac{N}{A} \leqslant [f]$$

式中　$[f]$——拉环钢筋的抗拉强度，按照《混凝土结构设计规范（2015 年版）》（GB 50010—2010）的规定，$[f] = 50\ N/mm^2$。

所需要的吊环最小直径 $D = \sqrt{14\,200 \times \dfrac{4}{3.1416 \times 50}} = 19(mm)$。现场取 20 mm。

4. 施工辅助设备的准备

（1）外挂三角防护架。高层住宅项目的施工必须搭设外脚手架，并且做严密的防护。而装配整体式建筑采用外挂三角防护架，安全、实用地解决了施工要求，如图 5-14 所示。预制外墙板设有预留孔，外挂三角防护架利用螺栓固定于预制外墙板上部。

图 5-14　外挂三角防护架

（a）外挂三角防护架与外墙板固定；（b）外挂三角防护架构造；
（c）外挂三角防护架向上转移；（d）外挂三角防护架向上转移完成

外挂三角防护架安全注意事项如下：

1）把好材料质量关，避免使用质量不合格的架设工具和材料。脚手架使用的钢管、卡扣、三脚架及穿墙螺栓等必须符合施工技术规定的要求；三角挂架之间用钢管扣件连接牢固，避免挂架转动，保证挂架的稳定性。

2)严格按照施工方案规定的尺寸进行搭设，并确保节点连接达到要求；操作平台铺满、铺平脚手板，并用12♯钢丝绑牢，不得有探头板；要有可靠的安全防护措施，其包括两道护身栏，作业层的外侧面应设密目安全网，安全网应用钢丝与脚手架绑扎牢固，架子外侧应设挡脚板，挡脚板高度应不低于18 cm；搭设完毕后和每次外防护架提升后应进行检查验收，检查合格后方可使用。

3)外防护架允许的负荷最大不得超过2.22 kN/m，脚手架上严禁堆放物料，严禁将板支设在脚手架上，人员不得集中停留。

4)应严格避免以下违章作业：利用脚手架吊运重物；非专业人员攀架子上下；推车在架子上跑动；在脚手架上拉结吊装缆绳；随意拆除脚手架部件和连墙杆件；起吊构件和器材时碰撞或扯动外防护架；提升时架子上站人。

5)六级以上大风、大雾、大雨和大雪天气应暂停外防护架作业面施工。雨、雪过后上外防护架平台操作要采取防滑措施。

6)经常检查穿墙拉杆、安全网、外架吊具是否损坏，松动时必须及时更换。

(2)建筑吊篮。装配式建筑虽然由于使用夹心保温外墙板，省去了外墙外保温、抹灰等大量的室外作业，但仍然存在板缝防水打胶、涂料等少量的高空作业。高空作业必不可少的就是建筑吊篮(图5-15)，由于关系到高空作业者的人身安全问题，因此，选择合适且安全的建筑吊篮至关重要，应根据工程施工方案选取合适的吊篮型号。选定型号时，应比较吊篮的主要机构，即升降(爬升)机构、安全锁、作业平台(吊篮本体)、悬挂机构、电气操纵系统和安全装置的优劣与可靠性。

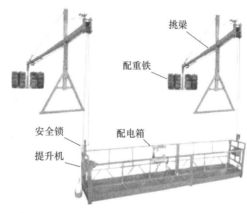

图5-15　建筑吊篮

吊篮是一种悬空提升载人机具，在使用吊篮进行施工作业时必须严格遵守以下使用安全规则：

1)吊篮操作人员必须经过培训，考核合格后取得有效证明方可上岗操作。吊篮必须由指定人员操作，严禁未经培训人员或未经主管人员同意擅自操作吊篮。

2)作业人员作业时需佩戴安全帽和安全带，安全带上的自动锁扣应扣在单独牢固固定在建(构)筑物上的悬挂生命绳上。

3)作业人员在酒后、过度疲劳、情绪异常时不得上岗作业。

4)双机提升的吊篮必须有两名以上人员进行操作作业，严禁单人升空作业。

5)作业人员不得穿硬底鞋、塑料底鞋、拖鞋或其他不防滑的鞋子进行作业，作业时严禁在悬吊平台内使用梯、搁板等攀高工具和在悬吊平台外另设吊具进行作业。

6)作业人员必须在地面进出吊篮，不得在空中攀缘窗户进出吊篮，严禁在悬空状态下从一悬吊平台攀入另一悬吊平台。

（3）灌浆设备与用具。灌浆设备［图5-16（a）］主要有滚筒式搅拌机、空气压缩机、电子台秤、灌浆筒、钢丝软管、橡胶塞、水枪等。钢筋套筒灌浆是通过空气压缩机将空气由气管输送至灌有搅拌充分的钢筋连接用高性能灌浆料的灌浆压力罐，致使灌浆压力罐压力增大，在压力的作用下，将罐内的灌浆料拌合物压出。通过导管从灌浆孔进入封堵严密的预制墙板灌浆仓内，从而完成灌浆［图5-16（b）］。

(a)

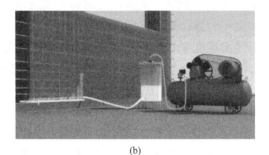
(b)

图5-16　灌浆设备与用具

（4）钢筋套筒灌浆连接接头试验。装配整体式结构构件的竖向钢筋连接主要是采用钢筋套筒灌浆连接方式，如图5-17所示。装配整体式结构构件的竖向钢筋连接还有用螺旋箍筋环绕搭接受力钢筋并注浆锚固的做法，如图5-18所示，在此不再详述。

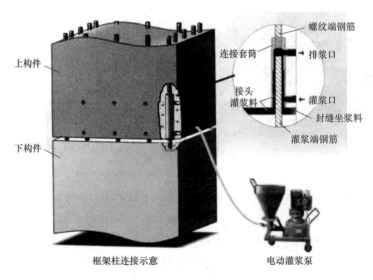

图5-17　钢筋套筒灌浆连接示意

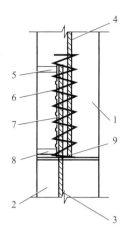

图 5-18　钢筋浆锚搭接接头示意

1—上部构件；2—下部构件；3—被连接钢筋；4—预埋钢筋；5—排气孔；

6—螺旋加强筋；7—波纹管；8—灌浆孔；9—橡胶密封圈

钢筋套筒灌浆连接方式成功地解决了装配式混凝土结构竖向钢筋连接的难题。但是必须对其连接的可靠性予以高度重视，除要求钢筋套筒的质量必须符合《钢筋连接用灌浆套筒》(JG/T 398—2019)的要求；灌浆料符合《钢筋连接用套筒灌浆料》(JG/T 408—2019)的要求外，还在《装配式混凝土结构技术规程》(JGJ 1—2014)中严格规定："预制结构构件采用钢筋套筒灌浆连接时，应在构件生产前进行钢筋套筒灌浆连接接头的抗拉强度试验，每种规格的连接接头试件数量不应少于 3 个。"因此，钢筋套筒灌浆连接接头抗拉强度的见证取样试验并取得合格证明是预制混凝土构件安装施工准备的重要一环。

任务二　预制混凝土竖向受力构件的安装施工

学习内容

(1)预制剪力墙、框架柱竖向预留钢筋的定位及复核；

(2)预制剪力墙、框架柱安装位置的测量放线；

(3)底部铺设坐浆料；

(4)预制构件吊装、定位校正和临时固定；

(5)钢筋套筒灌浆施工；

(6)连接节点钢筋绑扎、模板安装、后浇混凝土施工。

知识解读

竖向受力构件主要包括框架柱和剪力墙。根据《装配式混凝土结构技术规程》(JGJ 1—2014)的规定，对于高层装配整体式混凝土结构宜设置地下室，地下室宜采用现浇混凝土；剪力墙结构底部加强部位的剪力墙宜采用现浇混凝土；框架结构首层柱宜采用现浇混凝土。预制混凝土剪力墙和框架柱(以下简称预制墙柱)一般用于结构非底部加强部位,竖向受力构件的纵向钢筋一般采用灌浆套筒连接。本书仅针对预制墙柱的安装及预制墙柱和现浇墙柱之间连接的关键工艺流程进行说明。

一、预留钢筋的定位及复核

对于采用钢筋灌浆套筒连接的结构,其底部现浇混凝土墙柱与预制墙柱连接部位预留钢筋位置的准确性,将直接影响预制墙柱吊装的结构安全和施工速度。

定位钢筋应该严格按设计要求进行加工,同时,为了保证预制墙柱吊装时能更快插入连接套筒中,所有定位钢筋插入段必须采用砂轮切割机切割,严禁使用钢筋切断机切断。切割后应保证插入端无切割毛刺。

为保证预制墙体定位插筋位置准确,可以采用钢筋定位措施件预绑和钢筋定位措施件调整准确定位。钢筋定位措施件如图 5-19 所示。

(a)　　　　　　　　　　　　　(b)

(c)　　　　　　　　　　　　　(d)

图 5-19　预留钢筋定位措施件

(a)钢筋定位措施件一;(b)钢筋定位措施件二;(c)钢筋定位措施件三;(d)钢筋定位措施件四

在吊装前,定位钢筋位置的准确性还应再认真地复查一遍,浇筑混凝土前应该将定位钢筋插入端全部用塑料管包敷,避免被混凝土沾挂污染,如图 5-20 所示,待上部预制墙柱吊装安放前拆除。

图 5-20　预留钢筋保护

二、预制墙、柱安装位置测量放线

预制剪力墙和框架柱安装施工前，应在已完成的结构上测量放线，设置预制构件安装定位标志；装配式剪力墙结构测量、安装、定位的主要内容包括：每层楼面轴线垂直控制点不应少于 4 个，楼层上的控制轴线应使用经纬仪由底层原始点直接向上引测；每个楼层应设置 1 个引程控制点；预制构件控制线应由轴线引出，每块预制构件应有纵、横控制线各两条。图 5-21 所示为预制构件的基准线和构件边线位置的测量放样。测量过程中应该及时将所有柱、墙、门洞的位置在地面弹好墨线，并准备铺设坐浆料。

(a)

(b)

图 5-21　预制构件位置测量放样

(a)基准线放样；(b)预制柱边线放样

三、铺设坐浆料

如图 5-22 所示，将安装部位洒水润湿，放好垫块，垫块保证预制构件底标高的正确，然后铺设坐浆料。由于坐浆料通常在 1 h 内初凝，所以，吊装必须连续作业，相邻构件的调整工作必须在坐浆料初凝前进行。坐浆时，坐浆区域需运用等面积法计算出三角形区域面积。同时，坐浆料必须满足以下技术要求：

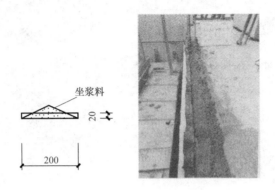

图 5-22 铺设坐浆料

(1)坐浆料坍落度不宜过高，一般在市场购买 40～60 MPa 的灌浆料使用小型搅拌机(容积可容纳一包料即可)加适当的水搅拌而成，不宜调制过稀，必须保证坐浆完成后呈中间高、两端低的形状。

(2)在坐浆料采购前，需要与厂家约定坐浆料内粗集料的最大粒径为 4～5 mm，且坐浆料必须具有微膨胀性。

(3)坐浆料的强度等级应比相应的预制墙板混凝土的强度提高一个等级。

(4)为防止坐浆料填充到外叶墙板之间，在保温层补充 50 mm×20 mm 的苯板堵塞缝隙，如图 5-23 所示。

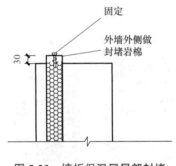

图 5-23 墙板保温层局部封堵

(5)剪力墙底部接缝处坐浆强度应该满足设计要求。同时，以每层为一检验批，每工作班应制作一组且每层不少于 3 组边长为 70.7 mm 的立方体试件，标准养护 28 d 后进行抗压强度试验。

四、预制构件吊装、定位校正和临时固定

(1)预制构件吊装。预制构件在吊装过程中应保持稳定，不得偏斜、摇摆和扭转。吊装时采用带倒链的扁担式吊装设备，加设缆风绳。竖向构件吊装应采用慢起、快升、缓放的

操作方式。

竖向构件底部与楼面保持 20 mm 空隙，确保灌浆料的流动；其空隙使用 1～10 mm 不同厚度的垫块，确保竖向构件安装就位后符合设计标高。

竖向构件吊装前，先检查预埋构件内的吊环是否完好无损，规格、型号、位置正确无误，构件试吊时距离地面不大于 0.5 m。起吊应依次逐级增加速度，不应越挡操作。构件吊装下降时，构件根部应系好缆风绳控制构件转动，保证构件就位平稳。

顺着吊装前所弹墨线缓缓下放墙板，吊装经过的区域下方设置警戒区，施工人员应撤离，由信号工指挥，构件距离安装面约 1.5 m 时，应慢速调整，待构件下降至作业面 1 m 左右高度时施工人员方可靠近操作，以保证操作人员的安全。

楼地面预留插筋与构件预留灌浆套筒逐根对应，全部准确插入注浆管后，构件缓慢下降；构件距离楼地面约 30 cm 时，由安装人员辅助轻推构件或采用撬棍根据定位线初步定位。

预制墙板吊装如图 5-24 所示。

(a)   (b)

图 5-24　预制构件吊装

(a)预制剪力墙吊装；(b)预制框架柱吊装

(2)预制构件定位校正。预制墙板等竖向构件安装时，应对安装位置、安装标高、垂直度、累计垂直度进行校核与调整(图 5-25)。预制构件底部若局部套筒未对准时，可使用倒链将预制构件手动微调，对孔。垂直坐落在准确的位置后应拉线复核水平是否有偏差，无误差后，利用预制墙板上的预埋螺栓和地面预埋螺栓安装斜支撑杆，复测墙顶标高后，方可松开吊钩，利用斜支撑杆调节好墙体的垂直度，在调节斜支撑杆时必须两名工人同时、同方向，分别调节两根斜支撑杆；调节好墙体垂直度后，刮平底部坐浆。

(3)墙板临时固定。安装阶段的结构稳定性对保证施工安全和安装精度非常重要，构件安装就位后，应采取临时措施进行固定，如图 5-26 所示。临时支撑结构或临时措施应能承受结构自重、施工荷载、风荷载、吊装产生的冲击荷载等作用，并不至于使结构产生永久变形。

图 5-25　预制构件校核与调整　　　　　图 5-26　临时斜支撑固定

对于预制墙板，临时斜支撑一般安放在其背后，且一般不少于两道；对于宽度比较小的墙板，也可仅设置一道斜支撑。当墙根底部没有水平约束时，墙板的每道临时支撑包括上部斜撑和下部支撑，下部支撑可做成水平支撑或斜向支撑。对于预制柱，由于其底部纵向钢筋可以起到水平约束的作用，故一般仅设置上部支撑。柱的斜支撑也最少要设置两道，且应设置在两个相邻的侧面上，水平投影相互垂直。

临时斜支撑与预制构件一般做成铰接，并通过预埋件进行连接。考虑到临时斜支撑主要承受的是水平荷载，为充分发挥其作用，对上部的斜支撑，其支撑点与板底的距离不宜小于板高的 2/3，且不应小于高度的 1/2。

调整复核预制构件的水平位置和标高、垂直度及相邻墙体的平整度后，填写预制构件安装验收表，由施工现场负责人及甲方代表(或监理)签字后才能进入下道工序，依次逐块吊装直至本层预制墙柱全部吊装就位。

预制墙板斜支撑和限位装置应在连接节点和连接接缝部位后浇混凝土或灌浆料强度达到设计要求后拆除；当设计无具体要求时，后浇混凝土或灌浆料应达到设计强度的 75% 以上方可拆除；预制柱斜支撑应在预制柱与连接节点部位后浇混凝土或灌浆料强度达到设计要求，且上部构件吊装完成后进行拆除。拆除的模板和支撑应分散堆放并及时清运，应采取措施避免施工集中堆载。

五、钢筋套筒灌浆施工

(1)钢筋套筒灌浆施工规定。

1)钢筋套筒灌浆的施工是装配式混凝土结构工程的关键环节之一。在实际工程中，连接的质量很大程度取决于施工过程控制，因此，要对作业人员进行专业培训考核；套筒灌浆及浆锚搭接连接施工还需符合有关技术规程和认证配套产品使用说明书的要求；另外，灌浆料性能受环境温度影响明显，应充分考虑作业环境对材料性能的影响，采用切实可行的灌浆作业工艺，保证灌浆质量。

2)保证套筒灌浆连接接头的质量必须满足以下要求：必须采用经过认证的配套产品，该产品应具有良好的施工工艺适应性，此处配套要求是指工艺检验的灌浆料要和形式检验及施工现场采用的材料一致，工艺检验的套筒要和形式检验及构件生产厂使用的套筒一致；严格执行专项质量保证措施和体系规定，明确责任主体；施工人员必须是经过培训合格的专业作业人员，严格执行技术操作要求；施工管理人员应进行全程施工质量检查记录，能提供可追溯的全过程的检查记录和影像资料；施工验收后，如对套筒灌浆连接接头质量有疑问，可委托第三方独立检测机构进行检测。

3)墙板安装前，应核查形式检验报告和墙板构件生产前灌浆套筒接头工艺检验报告。同时，按不超过1 000个灌浆套筒为一批，每批随机抽取3个灌浆套筒制作对中连接接头试件标准养护28 d，并进行抗拉强度检验。此项为强制性条文，不可复检。

4)灌浆料进场时，应对其拌合物30 min流动度(图5-27)、泌水率及1 d强度、28 d强度、3 h膨胀率进行检验，检验结果应符合建筑工业行业标准《钢筋连接用套筒灌浆料》(JG/T 408—2019)的有关规定。检查数量：同一成分、同一工艺、同一批号的灌浆料，检验批量不应大于50 t，每批按现行建筑工业行业标准《钢筋连接用套筒灌浆料》(JG/T 408—2019)的有关规定随机抽取灌浆料制作试件。检验方法：检查质量证明文件和抽样检验报告。

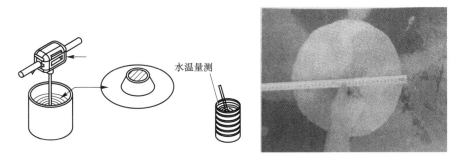

图5-27 灌浆料拌合物的流动度检验

(2)钢筋套筒灌浆施工工艺。

1)湿润注浆孔。注浆前，应用水将注浆孔进行润湿。

2)搅拌灌浆料。灌浆料与水拌和，加水量质量与干料质量之比为标准配合比，拌合用水必须经称量后加入(注：拌合用水采用饮用水，水温控制在20 ℃以下，尽可能现取现用)。为使灌浆料的拌合比例准确并且在现场施工时能够便捷地进行灌浆操作，现场使用量筒作为计量容器，根据灌浆料使用说明书加入拌合用水。先在搅拌桶内加入定量的水，待搅拌机、搅拌桶就位后，将灌浆料倒入搅浆桶内加水搅拌，加水至约80%的水量搅拌3～4 min后，再加所剩约20%的水，搅拌均匀后静置稍许，排气，然后进行灌浆作业。灌浆料通常为5 ℃～40 ℃可使用。为避免夏季一天内温度过高时间、冬季一天内温度过低时间，保证灌浆料现场操作时所需的流动性，延长灌浆的有效操作时间，灌浆料初凝时间约为15 min，夏季灌浆操作时，要求灌浆班组在上午十点之前、下午三点之后进行，并且保证灌浆料及灌浆器具不受太阳光直射。在灌浆操作前，可将与灌浆料接触的构件洒水降温，改善由构件表面温度过高、构件过于干燥产生的问题，并保证在最快时间完成灌浆；冬季该灌浆料操作要求室外温度高于5 ℃时才可进行灌浆操作。搅拌时间从开始投料到搅拌结束应不少于3 min，并应按产品使用要求计量灌浆料和水的用量并搅拌均匀。搅拌时，叶片不得提至浆料液面之上，以免带入空气；拌置时需要按照灌浆料使用说明的要求进行，严格控制水料比、拌置时间，搅拌完成后应静置35 min，待气泡排除后方可进行施工。灌浆料拌合物应在制备后0.5 h内用完，灌浆料拌合物的流动度应满足现行国家相关标准和设计要求。

3）灌浆及封堵。在预制墙柱校正定位后、预制墙板两侧现浇部分合模前进行灌浆操作。灌浆有机械灌浆和手工灌浆两种常用方式（图 5-28）。机械灌浆采用专用的灌浆机进行灌浆，该灌浆机使用一定的压力，由墙体下部中间的灌浆孔进行灌浆，灌浆料先流向墙体下部 20 mm 找平层，当找平层灌浆注满后，上部排气孔有浆料溢出时，用软木塞进行封堵。该墙体所有孔洞均溢出浆料后，视为该面墙体灌浆完成。灌浆施工时环境温度应在 5 ℃ 以上，必要时，应对连接处采取保温加热措施，保证灌浆料在 48 h 凝结硬化过程中连接部位的温度不低于 10 ℃。灌浆完毕后，立即清洗搅拌机、搅拌桶、灌浆筒等器具，以免灌浆料凝固、清理困难，注意灌浆筒每灌注完成一筒后需清洗一次，清洗完毕后方可再次使用。所以，在每个班组灌浆操作时必须至少准备三把灌浆筒，其中一把备用。灌浆作业完成后 12 h 内，构件和灌浆连接接头不应受到振动或冲击作用。

4）灌浆作业应及时形成施工质量检查记录表和影像资料。在施工现场灌浆施工中，灌浆料的 28 d 抗压强度应符合设计要求及现行标准《钢筋连接用套筒灌浆料》（JG/T 408—2019）的规定，用于检验强度的试件应在灌浆地点制作。每工作班取样不得少于 1 次，每楼层取样不得少于 3 次；每次抽取 1 组试件每组 3 个试块，试块规格为 40 mm×40 mm×160 mm，标准养护 28 d 后进行抗压强度试验。

(a)　　　　　　　　　　　　　　　(b)

图 5-28　钢筋套筒灌浆施工
(a)手工灌浆；(b)机械灌浆

（3）独立灌浆与连通腔灌浆。预制构件在灌浆前应确定灌浆施工方式，主要有独立灌浆和连通腔灌浆两种。竖向构件采用连通腔灌浆时，连通灌浆区域为由一组灌浆套筒与安装就位后构件间空隙共同形成的一个封闭区域。除灌浆孔、出浆孔、排气孔外，应采用密封件或坐浆料封闭此灌浆区域。考虑灌浆施工的持续时间及可靠性，连通灌浆区域不宜过大，每个连通灌浆区域任意两个灌浆套筒最大距离不宜超过 1.5 m。常规尺寸的预制柱通常分为一个连通灌浆区域，而预制墙一般按 1.5 m 范围划分连通灌浆区域。

六、装配式混凝土结构连接节点后浇混凝土的施工

装配式混凝土结构预制竖向构件安装完成后，应及时穿插进行边缘构件等连接节点后浇混凝土带的钢筋绑扎（图 5-29）和模板安装，并完成后浇混凝土施工。

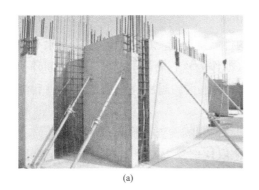
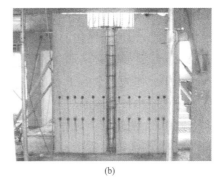

(a)   (b)

图 5-29　预制竖向构件连接节点钢筋绑扎

1.　装配式混凝土结构后浇混凝土连接节点间的钢筋绑扎

装配式混凝土结构后浇混凝土节点之间的钢筋安装做法受操作顺序和空间的限制与常规做法有很大的不同，必须在符合相关规范要求的前提下顺应装配式混凝土结构的要求。

（1）钢筋的安装顺序。预制墙板连接部位宜先校正水平连接钢筋，后安装箍筋套，待墙体竖向钢筋连接完成后绑扎箍筋，连接部位加密区的箍筋宜采用封闭箍筋；预制梁柱节点区的钢筋安装时，节点区柱箍筋应预先安装于预制柱钢筋上，随预制柱一同安装就位；预制叠合梁采用封闭箍筋时，预制梁上部纵筋应预先穿入箍筋内临时固定，并随预制梁一同安装就位。预制叠合梁采用开口箍筋时，预制梁上部纵筋可在现场安装。

（2）钢筋的连接与锚固。装配式混凝土结构后浇混凝土内的钢筋连接可以采用焊接、机械连接、绑扎连接等。连接接头保护层厚度、非连接区段长度、接头错开距离等应符合《混凝土结构设计规范（2015 年版）》（GB 50010—2010）、《钢筋焊接及验收规程》（JGJ 18—2012）、《钢筋机械连接技术规程》（JGJ 107—2016）等相关技术标准规定。装配式混凝土结构后浇混凝土内的钢筋锚固方式也应符合设计和现行有关技术标准的规定。

2.　预制墙板间后浇混凝土带的模板安装

墙板间后浇混凝土带宜采用工具式定型模板支撑，并应符合下列规定：定型模板应通过螺栓（预置内螺母）或预留孔洞拉结的方式与预制构件可靠连接，定型模板安装应避免遮挡预墙板下部灌浆预留孔洞，夹心墙板的外叶板应采用螺栓拉结或夹板等加强固定，墙板接缝部位及与定型模板连接处均应采取可靠的密封、防漏浆措施。图 5-30 所示为预制剪力墙 T 形转角处边缘构件的模板安装图。

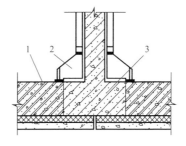

图 5-30　预制竖向构件连接节点模板安装

1—夹心保温外墙板；2—定型模板；3—后浇混凝土

3. 后浇混凝土带的浇筑

(1)对于装配式混凝土结构的墙板间约束构件后浇混凝土的浇筑,应该与水平构件的混凝土叠合层及按设计要求必须现浇的结构构件(如作为核心筒的电梯井、楼梯间)同步进行,一般选择一个单元作为一个施工段,以先竖向、后水平的顺序浇筑施工。通过后浇混凝土将竖向和水平预制构件结构成一个整体。

(2)后浇混凝土浇筑前,应进行所有隐蔽项目的现场检查与验收。

(3)在浇筑混凝土的过程中,应按规定见证取样留置混凝土试件。同一配合比的混凝土,每工作班且建筑面积不超过 1 000 m² 应制作一组标准养护试件,同一楼层应制作不少于3组标准养护试件。

(4)混凝土应采用预拌混凝土,预拌混凝土应符合现行相关标准的规定;装配式混凝土结构施工中的结合部位或接缝处混凝土的工作性能应符合设计施工规定。

(5)浇筑前,先清洁结合部位,并洒水润湿;浇筑时,应采取保证混凝土浇筑密实的措施;同一连接接缝的混凝土应连续浇筑,并应在底层混凝土初凝之前将上一层混凝土浇筑完毕;预制构件连接节点和连接接缝部位的混凝土应加密振捣点,并适当延长振捣时间。预制构件连接处混凝土浇筑和振捣时,应对模板和支架进行观察及维护,发现异常情况应及时进行处理;构件接缝处混凝土浇筑和振捣时,应采取措施防止模板、相连接构件、钢筋、预埋件及其定位件的移位。

(6)混凝土浇筑完毕后,应按施工技术方案要求及时采取有效的养护措施,并应符合下列规定:应在浇筑完毕后的 12 h 内对混凝土加以覆盖并养护;浇水次数应能保持混凝土处于湿润状态;采用塑料薄膜覆盖养护的混凝土,其敞露的全部表面应覆盖严密,并应保持塑料薄膜内有凝结水;喷涂混凝土养护剂是混凝土养护的一种新工艺,混凝土养护剂是高分子材料,喷罩在混凝土表面后固化,形成一层致密的薄膜,使混凝土表面与空气隔绝,大幅度降低水分从混凝土表面蒸发的损失。在混凝土终凝前,无法洒水养护,使用养护剂就是较好的选择。后浇混凝土的养护时间不应少于 14 d。

(7)预制墙板斜支撑和限位装置,应在连接节点和连接接缝部位后浇混凝土或灌浆料强度达到设计要求后拆除;当设计无具体要求时,后浇混凝土或灌浆料应达到设计强度的75%以上方可拆除。模板与支撑拆除时的后浇混凝土强度要求详见表 5-6。

表 5-6 模板与支撑拆除时的后浇混凝土强度要求

构件类型	构件跨度/m	达到设计混凝土强度等级值的百分率/%
板	≤2	≥50
	>2,≤8	≥75
	>8	≥100
梁	≤8	≥75
	>8	≥100
悬臂构件		≥100

(8)混凝土冬期施工应按现行标准《混凝土结构工程施工规范》(GB 50666—2011)、《建筑工程冬期施工规程》(JGJ/T 104—2011)的相关规定执行。

学习内容

(1)预应力带肋底板混凝土叠合楼板(PK板)的安装施工;
(2)桁架钢筋混凝土叠合楼板安装施工;
(3)预制混凝土叠合梁的安装施工;
(4)预制阳台板、空调板的安装施工。

知识解读

一、预制混凝土叠合楼板的安装施工

1. 预应力带肋底板混凝土叠合楼板(PK板)的安装施工

(1)设置PK板板底支撑。在叠合板板底设置临时可调节支撑杆。支撑杆应具有足够的承载能力、刚度和稳定性,能可靠地承受混凝土构件的自重和施工过程中所产生的荷载及风荷载。

当PK叠合板板端遇梁时,梁端支撑设置如图5-31所示;当PK叠合板板端遇剪力墙时,在叠合板板端处设置一根横向木方,使木方顶面与板底标高相平,木方下方沿横向每隔1 m间距设置一根竖向墙边支撑,如图5-32所示。当板下支撑间距大于3.3 m或支撑间距不大于3.3 m但板面施工荷载较大时,板底跨中需设置竖向支撑,如图5-31所示。

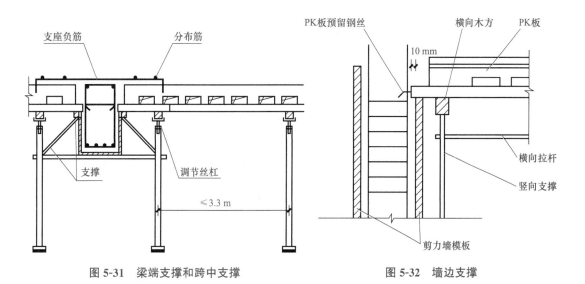

图 5-31　梁端支撑和跨中支撑　　　　　　图 5-32　墙边支撑

(2)PK板吊装。PK板吊装采用专用夹钳式吊具吊装。在吊装过程中应使板面基本保持水平，起吊、平移及落板时，并应保持速度平缓，如图 5-33 所示。吊装应停稳、慢放，按顺序连续进行，将 PK 板坐落在支撑顶面，及时检查板底就位和搁置长度是否符合要求。

图 5-33　PK 板采用专用夹钳式吊具吊装

当 PK 板叠合层混凝土与板端梁、墙、柱一起现浇时，PK 板板端在梁、墙、柱上的搁置长度不应小于 10 mm；当叠合板搁置在预制梁或墙上时，板端搁置长度不应小于 80 mm。铺板前，应先在预制梁或墙上用水泥砂浆找平，铺板时再用 10～20 mm 厚水泥砂坐浆找平。

PK 板安装后，应对安装位置、安装标高进行校核与调整，并对相邻预制构件平整度、高低差、拼缝尺寸进行校核与调整。

（3）设置 PK 板预留孔洞。在 PK 板上开孔时，灯线孔采用凿孔工艺，洞口直径不大于 60 mm，且开洞应避开板肋及预应力钢筋，严禁凿断预应力钢丝。如果需要在板肋上凿孔或需凿孔直径大于 60 mm，应与生产厂家协商在生产时预留孔洞或增设孔洞周边加强主筋。在设置孔洞周边加强筋时，应根据板面荷载的大小每侧选用不小于 28 的附加钢筋，垂直于板肋方向的附加钢筋伸至肋边，平行于板肋方向的附加钢筋伸过洞边距离不小于 $40d$（d 为附加钢筋直径）。

（4）PK 板钢筋布置原则。肋上每个预留孔中穿一根穿孔钢筋，此时穿孔钢筋间距为 200 mm；当穿孔钢筋需加密时，可在每个孔内穿两根钢筋，在布置穿孔钢筋时应保证穿孔钢筋锚入两端支座的长度不小于 40 mm 且至少到支座中；PK 叠合板负弯矩筋和分布钢筋的布置原则是：顺肋方向钢筋配置在下面，垂肋方向钢筋配置在上面，如图 5-34 所示。

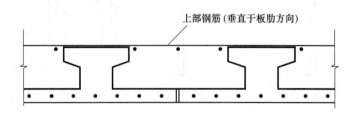

图 5-34　PK 叠合板板面纵筋布置原则

(5)预埋管线布置原则。预埋管线可布置在预应力预制 PK 板板肋之间，并且可以从肋上预留孔中穿过，但不能从板肋上跨过；当预留管线孔与板肋有冲突时，板肋损坏不能超过 400 mm。

(6)浇筑叠合层混凝土。叠合层混凝土的浇筑必须满足《混凝土结构工程施工质量验收规范》(GB 50204—2015)中相关规定的要求；浇筑混凝土过程应该按规定见证取样留置混凝土试件。

浇筑混凝土前用塑料管和胶带缠住灌浆套筒预留钢筋，防止预留钢筋粘上混凝土，影响后续灌浆连接的强度和粘结性；同时，必须将板表面清扫干净并浇水充分湿润，但板面不能有积水。

叠合板混凝土浇筑时，为了保证叠合板及支撑受力均匀，混凝土浇筑采取从中间向两边浇筑，连续施工，一次完成。同时，使用平板振动器振捣，确保混凝土振捣密实。根据楼板标高控制线控制板厚；浇筑时，采用 2 m 刮杠将混凝土刮平，随即进行混凝土收面及收面后的拉毛处理；浇筑完成后，按相关施工规范规定对混凝土进行养护。

2. 桁架钢筋混凝土叠合楼板安装施工

(1)桁架钢筋混凝土叠合楼板和 PK 板都是叠合构件，其安装施工均应符合下列规定：

1)叠合构件的支撑应根据设计要求或施工方案设置，支撑标高除应符合设计规定外，还应考虑支撑本身的施工变形。

2)控制施工荷载不超过设计规定，并应避免单个预制构件承受较大的集中荷载与冲击荷载。

3)叠合构件的搁置长度应满足设计要求，宜设置厚度不大于 30 mm 的坐浆或垫片。

4)叠合构件混凝土浇筑前，应检查结合面的粗糙度，并应检查及校正预制构件的外露钢筋。

5)叠合构件应在后浇混凝土强度达到设计要求后，方可拆除支撑或承受施工荷载。

(2)桁架钢筋混凝土叠合楼板安装施工的现场堆放、板底支撑(图 5-35)与 PK 板的做法基本类似，其主要区别如下：

图 5-35　桁架钢筋混凝土叠合楼板的支撑

1)由于钢筋桁架混凝土叠合楼板面积较大，吊装必须采取多点吊装的方式。实现多点吊装的做法是将每根钢丝绳挂于吊装架的柔性钢丝绳上，以达到每个吊点受力均匀的目的，如图 5-36 所示。

图 5-36　桁架钢筋混凝土叠合楼板的吊具

2）对于水电预埋和预设，PK 板是在吊装完成后，叠合层混凝土浇筑前开孔布管，桁架钢筋混凝土叠合楼板是在工厂预制时预埋线盒、预留孔洞（图 5-37），在预制底板吊装完成后，叠合层混凝土浇筑前布管。

(a)　　　　　　　　　　(b)

图 5-37　桁架钢筋混凝土叠合楼板的预留和预埋

(a)预埋线盒；(b)预留洞口

（3）叠合板安装时支座处钢筋常见做法。

1）叠合板吊装时，因纵向甩出胡子筋，在向支座处安装时与封闭箍筋易发生矛盾，叠合板甩出钢筋大部分需要弯折，严重影响钢筋定位和吊装进度，如图 5-38(a)所示。

2）因叠合梁采用开口箍筋，当叠合板甩出的胡子筋向支座处安装时也有矛盾和难度。同时，应注意在叠合板就位胡子筋进入支座后，才可能安装叠合梁纵向钢筋，如图 5-38(b)所示。

3）因附加钢筋，叠合板不甩出胡子筋，安装不存在问题，如图 5-38(c)所示。

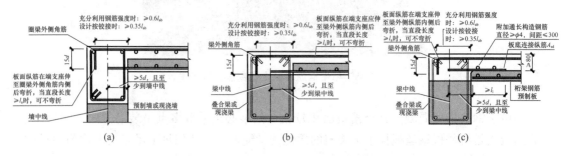

图 5-38　叠合板安装时支座处钢筋常见做法

二、预制混凝土叠合梁的安装施工

1. 安装施工流程

装配式混凝土结构的梁基本以叠合梁形式出现，图 5-39 所示为预制叠合梁的安装施工。其安装施工流程为：预制梁进场验收→按施工图防线→设置梁底支撑→预制梁起吊→预制梁就位微调→叠合层钢筋布置→叠合层混凝土浇筑。

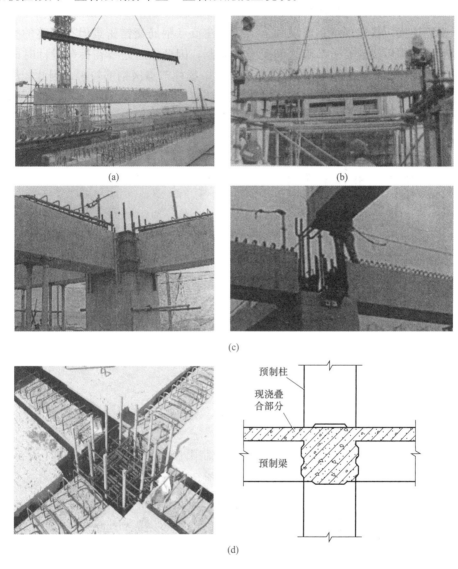

(a)   (b)

(c)

(d)

图 5-39　预制叠合梁的安装施工
(a)预制梁吊装；(b)预制梁定位；(c)预制梁临时支撑；(d)预制梁柱节点

2. 施工要点

(1)安装顺序宜遵循先主梁后次梁、先低后高的原则；

(2)安装前，应测量并修正临时支撑标高，确保与梁底标高一致，并在柱上弹出梁边控制线；安装后根据控制线进行精密调整；

（3）安装前，应复核柱钢筋与梁钢筋位置、尺寸，对梁钢筋与柱钢筋位置有冲突的，应按经设计单位确认的技术方案调整；

（4）安装时，梁伸入支座的长度与搁置长度应符合设计要求；

（5）安装就位后应对水平度、安装位置、标高进行检查；

（6）叠合梁的临时支撑，应在后浇混凝土强度达到设计要求后方可拆除。

预制叠合梁吊装的定位和临时支撑非常重要，准确的定位决定着安装质量，而合理地使用时临支撑不仅是保证定位质量的手段，也是保证施工安全的必要措施。

关于钢筋连接，普通现浇钢筋混凝土工程梁柱节点钢筋交错密集但有调整的空间，而装配式混凝土结构后浇混凝土节点之间受空间限制。因此，一是要在拆分设计时即考虑好各方向主、次梁纵向钢筋的锚固关系[图5-40(a)]，梁柱节点区钢筋较多，因此，尽可能减少钢筋的弯锚，而采用锚固板等提高直锚钢筋的粘结力[图5-40(b)]；二是优化吊装方案，吊装时必须严格按照吊装方案控制预制梁先后吊装顺序。

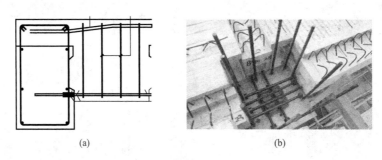

(a)   (b)

图 5-40　预制叠合梁节点区钢筋

(a)次梁钢筋弯折；(b)节点区采用锚固板

三、预制阳台板、空调板的安装施工

1. 预制阳台板的安装施工

（1）预制阳台板分类。装配式混凝土结构中预制阳台一般有叠合板式阳台[图5-41(a)]、全预制板式阳台[图5-41(b)]和全预制梁式阳台[图5-41(c)]三种形式。

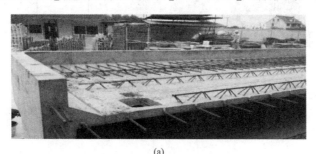

(a)

图 5-41　预制阳台板

(a)叠合板式阳台

(b)

(c)

图 5-41　预制阳台板(续)

(b)全预制板式阳台；(c)全预制梁式阳台

（2）吊装与安装要求。

1）预制阳台吊装前应进行试吊装，且检查吊具预埋件是否牢固。预制阳台板吊装宜使用专用型钢扁担(图 5-42)，起吊时，绳索与型钢扁担的水平夹角宜为 $55°\sim65°$。

2）每块预制构件吊装前测量并弹出相应周边(隔板、梁、柱)控制线。

3）预制阳台板安装前应设置支撑架，防止构件倾覆。板底支撑采用钢管脚手架＋可调顶托＋100 mm×100 mm 木方(或工字形木等)。板吊装前应检查是否有可调支撑高出设计标高，校对

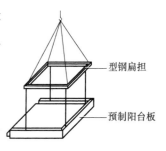

图 5-42　预制阳台板吊装

预制梁及隔板之间的尺寸是否有偏差，并做相应调整。

4)将预制构件吊至设计位置上方 3~6 cm 处调整位置，使锚固筋与已完成结构预留筋错开便于就位，构件边线基本与控制线吻合。

5)当一跨板吊装结束后，要根据板周边线、隔板上弹出的标高控制线对板标高及位置进行精确调整，以确保误差控制为 2 mm。

6)待预制阳台板与连接部位的主体结构(梁、板、柱、墙)混凝土强度达到设计要求强度 100%时，并应在装配式结构能达到后续施工承载要求后，方可拆除支撑架。

7)阳台板施工荷载不得超过设计的 1.5 kN/m² 。

2. 预制空调板的安装施工

(1)预制空调板吊装前，应检查复核吊装设备及吊具处于安全操作状态。预制空调板吊装前，应进行测量放线、设置构件安装定位标识。

(2)吊点设置如图 5-43 所示，采用 4 点起吊，起吊时绳索与预制空调板的水平夹角宜为 55°~60°。

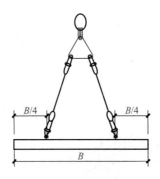

图 5-43　预制空调板吊装

.3)预制空调板安装前，应设置支撑架，防止构件倾覆。在施工过程中，应连续两层设置支撑架；待上一层预制空调板结构施工完成后，并与连接部位的主体结构(梁、墙)混凝土强度达到 100%的设计强度，并应在装配式结构能达到后续施工承载要求后，才可以拆除下一层支撑架。上、下层支撑架应在一条竖直线上，临时支撑的悬挑部分不允许有施工堆载。

任务四　预制混凝土楼梯安装施工

>> 学习内容

(1)预制混凝土楼梯的入场检验；

(2)预制楼梯的安装；

(3)预制楼梯的固定；

(4)预制楼梯施工要求。

一、预制混凝土楼梯的入场检验

根据《混凝土结构工程施工质量验收规范》(GB 50204—2015)的规定,梁板类简支受弯预制构件进场时应进行结构性能检验。

检验数量:同一类型预判机构不超过 1 000 个为一批,每批随机拖取 1 个构件进行结构性能检验。

因此,楼梯进场应核查和收存能够覆盖项目需要的通过合规的第三方检验机构检验的结构性能检验报告。

二、预制混凝土楼梯的安装

检查核对构件编号,确定安装位置,弹出楼梯安装控制线,对控制线及标高进行复核。

楼梯侧面距结构墙体预留 30 mm 空隙,为后续初装的抹灰层预留空间;梯井之间根据楼梯栏杆安装要求预留 40 mm 空隙。在楼梯段上、下口梯梁处铺 20 mm 厚 C25 细石混凝土找平层灰饼,找平层灰饼标高要控制准确。

预制混凝土楼梯采用水平吊装,用螺栓将通用吊耳与楼梯板预埋件吊装内螺母连接,起吊前检查卸扣卡环,确认牢固后方可继续缓慢起吊。调整索具铁链长度,使楼梯段休息平台处于水平位置,试吊预制楼梯板,检查吊点位置是否准确,吊索受力是否均匀等;试起吊高度不应超过 1 m,如图 5-44 所示。

图 5-44　预制混凝土楼梯试吊装

楼梯吊至梁上方 30~50 cm 后,调整楼梯位置板边线基本与控制线吻合。就位时要求缓慢操作,严禁快速猛放,以免造成楼梯板振折损坏。楼梯板基本就位后,根据控制线,利用撬棍微调、校正,先保证楼梯两侧准确就位,再使用水平尺和倒链调节楼梯水平,如图 5-45 所示。

图 5-45　预制混凝土楼梯的安装

三、预制混凝土楼梯的固定

预制混凝土楼梯的固定，详见图 5-46(a)所示的预制混凝土楼梯固定铰端做法和图 5-46 (b)所示的预制混凝土楼梯滑动铰端做法。

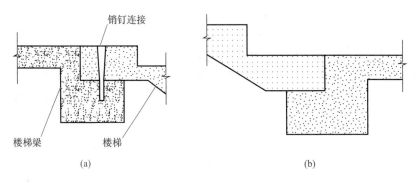

图 5-46　预制混凝土楼梯的固定

(a)固定铰支座；(b)滑动铰支座

四、预制混凝土楼梯施工要求

(1)预制梯段板施工前，应根据设计要求和施工方案进行必要的施工验算。

(2)预制梯段板的制作、堆放、运输、安装应符合国家标准《混凝土结构工程施工规范》(GB 50666—2011)及《装配式混凝土结构技术规程》(JGJ 1—2014)的有关规定。

(3)构件吊装、运输时，动力系数取 1.5；构件翻转及安装过程中就位、临时固定时，动力系数可取 1.2。要求构件生产过程中不产生裂缝。

(4)施工总承包单位应根据设计要求、预制构件制作要求和相关规定制订施工方案，编制施工组织设计。

(5)在施工过程中应在销键预留孔封闭前对楼梯梯段板进行验收。

(6)在实际工程中，生产及施工单位应结合实际施工方法采取相应的安全操作和防护措施。

(7)装配式混凝土结构施工前应制订专项施工方案。施工方案应结合结构深化设计、构件制作、运输和安装全过程的验算，以及施工吊装与支撑体系的验算进行策划和制订，应包括构件安装及节点施工方案、构件安装的质量管理及安全措施等，充分反应装配式结构施工的特点和工艺流程的特殊要求。

任务五　　预制混凝土外挂墙板的安装施工

▶▶ 学习内容

(1)预制混凝土外挂墙板的施工前准备；

(2)外挂墙板的安装与固定；

(3)预制混凝土外挂墙板板缝的防水处理。

▶▶ 知识解读

预制混凝土外挂墙板是安装在主体结构上起围护、装饰作用的非承重预制混凝土外墙板，按装配式结构的装配程序分类属于"后安装法"。

预制混凝土外挂墙板与主体结构的连接采用柔性连接构造，主要有点支撑和线支撑两种安装方式；按装配式结构的装配工艺分类，属于"干作法"。

根据以上外挂墙板的特点，首先必须重视外挂节点的安装质量保证其可靠性；对于外挂墙板之间必须有的构造"缝隙"，必须进行填缝处理和打胶密封。

一、预制混凝土外挂墙板的施工前准备

(1)预制混凝土外挂墙板安装前应该编制安装方案，确定预制混凝土外挂墙板水平运输、垂直运输的吊装方式，进行设备选型及安装调试。

(2)主体结构预埋件应在主体结构施工时按设计要求埋设；预制混凝土外挂墙板安装前应在施工单位对主体结构和预埋件验收合格的基础上进行复测，对存在的问题应与施工、监理、设计单位进行协调解决。主体结构及预埋件施工偏差应符合《混凝土结构施工质量验收规范》(GB 50204—2015)的规定，垂直方向和水平方向最大施工偏差应该满足设计要求。

(3)预制混凝土外挂墙板在进场前应进行检查验收，不合格的构件不得安装使用，安装用连接件及配套材料应进行现场报验，复试合格后方可使用。

(4)预制混凝土外挂墙板的现场存放应该按安装顺序排列并采取保护措施。

(5)墙板安装人员应提前进行安装技能和安装培训工作，安装前施工管理人员要做好技术交底和安全交底。施工安装人员应充分理解安装技术要求和质量检验标准。

二、预制混凝土外挂墙板的安装与固定

(1)预制混凝土外挂墙板正式安装前，应根据施工方案要求进行试安装，经过试安装并

验收合格后可进行正式安装。

（2）预制混凝土外挂墙板应该按顺序分层或分段吊装，吊装应采用慢起、稳升、缓放的操作方式，应系好缆风绳控制构件转动；在吊装过程中应保持稳定，不得偏斜、摇摆和扭转，如图 5-47 所示。应采取保证构件稳定的临时固定措施，预制混凝土外挂墙板的校核与偏差调整应按以下要求：

1）预制混凝土外挂墙板侧面中线及板面垂直度的校核，应以中线为主调整。

2）预制混凝土外挂墙板上下校正时，应以竖缝为主调整。

3）墙板接缝应以满足外墙面平整为主，内墙面不平或翘曲时，可在内装饰或内保温层内调整。

4）预制混凝土外挂墙板山墙阳角与相邻板的校正，以阳角为基准调整。

5）预制混凝土外挂墙板拼缝平整的校核，应以楼地面水平线为准调整。

（3）预制混凝土外挂墙板安装就位后，应对连接节点进行检查验收，隐藏在墙内的连接节点必须在施工过程中及时做好隐检记录。

（4）预制混凝土外挂墙板均为独立自承重构件，应保证板缝四周为弹性密封构造，安装时，严禁在板缝中放置硬质垫块，避免预制混凝土外挂墙板通过垫块传力造成节点连接破坏。

（5）节点连接处露明铁件均应做防腐处理，对于焊接处镀钵层破坏部位必须涂刷三道防腐涂料，对有防火要求的铁件应采用防火涂料喷涂处理。

（6）预制混凝土外挂墙板安装质量的尺寸允许偏差检查，应符合规范要求。

图 5-47 预制混凝土外挂墙板吊装

三、预制混凝土外挂墙板板缝的防水处理

预制混凝土外挂墙板连接接缝防水节点基层及空腔排水构造做法应符合设计要求(图 5-48)，

通过设置高低缝、发泡聚乙烯棒、外封建筑密封胶等构造做法来达到防水的目的。板缝防水施工人员应经过培训合格后上岗，具备专业打胶资格和防水施工经验。预制外墙板外侧水平、竖直接缝的防水密封胶封墙前，侧壁应清理干净、保持干燥。嵌缝材料应与挂板牢固粘结，不得漏嵌和虚粘。

预制混凝土外挂墙板的板缝处打胶应满足以下要求：

（1）板缝防水密封胶的注胶宽度必须大于厚度并应符合生产厂家说明书的要求，防水密封胶应在预制外墙板校核固定后嵌填，先安放填充材料，然后注胶。防水密封胶应均匀、顺直，饱满、密实，表面光滑、连续。

（2）为防止密封胶施工时污染板面，打胶前应在板缝两侧粘贴防污胶条，注意保证胶条上的胶不转移到板面上。

（3）预制混凝土外挂墙板"十"字缝处 300 mm 范围内水平缝和垂直缝处的防水密封胶注胶要一次完成。

（4）板缝防水施工 72 h 内要保持板缝处于干燥状态，禁止冬期气温低于 5 ℃或雨天进行板缝防水施工。

（5）预制混凝土外挂墙板接缝的防水性能应该符合设计要求。同时，每 1 000 m² 外墙面积划分为一个检验批，不足 1 000 m² 时，也应划分为一个检验批；每 100 m² 应至少抽查一处，每处不得少于 10 m²，对其外墙板接缝的防水性能进行现场淋水试验。

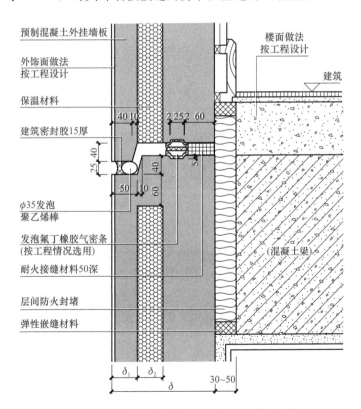

图 5-48　预制混凝土外挂墙板水平缝节点构造

>> 学习内容

(1)施工安全保证体系；

(2)设备及用电安全；

(3)运输及吊装安全。

>> 知识解读

一、施工安全保证体系

1. 安全生产管理体系

在施工管理中，应始终如一地坚持"安全第一、预防为主、综合治理"的安全管理方针，以安全促生产，以安全保目标；把杜绝重大人身伤亡事故和机械事故，一般工伤事故频率控制在15‰以下作为安全管理目标。

施工现场安全生产管理体系是施工企业和施工现场整个管理体系的一个组成部分。其包括制定、实施、审核和保持、"安全第一、预防为主、综合治理"方针与安全管理目标所需的组织结构、计划活动、职责、程序、过程及资源。

施工现场安全生产管理体系的建立，不仅为了满足工程项目部自身安全生产要求，也为了满足相关方对施工现场安全生产管理体系的持续改善和安全生产保证能力的信任；以项目经理、技术负责人、安全负责人及各施工队、各施工班组等各方面的管理人员组成安全管理组织机构，同时发动所有现场人员实现全员管理。做到安全生产，人人有责。

2. 安全管理岗位责任

(1)项目经理：对工程安全生产总负责；认真贯彻安全生产的政策、法令和规章制度；安排生产的同时必须安排安全工作；组织实施安全技术措施，组织项目安全例会，定期组织安全检查，对职工进行安全教育；对安全工作的好坏实施奖罚；落实好安全生产资金。

(2)项目技术负责人：直接对安全生产负责，督促、安排各项安全工作，并按规定组织检查、做好记录。制订项目安全技术措施和分部工程安全方案，督促安全措施落实，解决施工过程中不安全的技术问题。

(3)各专业负责人：对本工程安全生产负直接责任，组织实施安全措施，进行安全技术交底，认真检查和验收安全工作，不违章指挥，组织工人进行安全规程学习，认真清除事故隐患，发生事故立即上报，保护好现场，参加调查处理。

(4)安全负责人：带头遵守各项安全规章制度，不违章作业，协助工长搞好安全生产，认真执行技术交底，及时检查班组架子和机械设备安全使用情况；严密监视"四口"防护状况及各种防护设施，发现不安全因素及时纠正，发现重大安全事故隐患及时上报，排除隐患，保证安全生产；宣传、教育正确使用各种防护用品和操作用具，组织学习安全生产政策、法规；协助工长开好安全会，做好会议记录；发生事故立即报告，保护好现场；保证所使用的各类机械的安全，监督机械操作人员遵章操作，并对用电机械进行安全检查。

（5）施工班组施工人员：认真学习本专业的安全生产技术操作规程，遵守安全纪律和项目部的各项安全管理规定，严格按照操作规程施工，严禁酒后上班，严禁在易燃易爆场所吸烟和擅自进入危险区域；认真听取安全技术交底，积极参加各种安全活动，并有权拒绝违章指挥，对不安全做法有责任提出改进意见；爱护安全防护设施和安全消防标志，发现损坏立即报告有关人员进行处理；如发生工伤事故、未遂事故、安全隐患时，立即向班长或上级领导报告；采购合格的用于安全生产及劳动防护的产品和材料，对不符合安全标准的用品必须更换，严禁发放使用，按要求做好材料堆放标示及储存工作，防止坍塌，仓库配备足够的灭火器材。

3. 安全管理制度

（1）编制安全生产技术措施制度。除施工组织设计对安全生产有原则要求外，装配式结构各重大分项由项目技术负责人编制安全生产技术方案，方案中的措施要有针对性；专业承包队编制的措施由项目技术负责人审批，项目部编制的措施由企业总工程师审批。

（2）安全技术交底制。项目技术负责人向各专业技术负责人、各专业技术负责人向施工员、施工员向班组及施工队层层交底。交底要有文字资料，内容要求全面、具体、针对性强。交底人、接受人均应在交底资料上签字，并注明收到日期。

（3）特殊工种培训上岗制度。对电工、电气焊工、起重吊装工、机械操作工、架子工等特殊工种实行上岗前培训，经企业考核合格后上岗。

（4）安全检查制度。项目部每半个月、施工队每周定期做安全检查，平时做不定期检查，每次检查都要有记录，对检查出的事故隐患要限期整改。对未按照要求整改的要给单位或当事人以经济处罚，直至停工整顿。

（5）安全验收制度。凡大中型机械安装、脚手架搭设、电气线路架设等项目完成后，都必须经过有关部门检查验收合格后，方可试车或投入使用。

（6）安全生产合同制度。项目经理与企业签订"安全生产责任书"，劳务队与项目部签订"安全生产合同"，操作工人与劳务队签订"安全生产合同"并订立"安全生产誓约"；用"合同"和"誓约"来强化各级领导和全体员工的安全责任及安全意识，加强自身安全保护意识。

（7）安全事故报告制度和处理事故"四不放过"制度。发生工伤事故后，须立即上报主管部门，按"四不放过"（事故原因分析不清不放过、没有定出防范措施不放过、责任人和群众没有受到教育不放过、责任人没受到处理不放过）的原则进行调查、处理，并写出调查报告。

（8）安全经费投入制度。保证施工现场所有安全防护用品及劳动防护用品等涉及安全文明施工技术措施费用的投入和使用，安全措施经费投入的比例，应不低于投标费率。施工企业设专门账户，在工程施工中保证安全措施经费的有效投入。

（9）建立应急救援预案。建立应急救援预案和组织，在发生生产安全事故时，能够迅速启动预案，采取有效措施组织抢救，防止事故扩大，减少人员伤亡和财产损失。

应急救援预案的主要内容应包括应急救援组织机构、应急救援程序、应急救援要求、应急救援器材、设备的配备、应急救援人员的培训、应急救援的演练等，保证应急救援的正常运转。

4. 安全教育

安全教育既是施工企业安全管理工作的重要组成部分，也是施工现场安全生产的重要工作。安全教育是企业所有人员上岗前的先决条件；安全教育贯彻了每个工作的全过程，贯穿了每个工程施工的全过程，贯穿了施工企业生产的全过程。因此，安全教育的任务是"任重而道远"的，不应该也不可能是一劳永逸的；安全生产的管理性与技术性结合，使得安全教育具有专业性要求。

安全教育的内容应包括安全思想教育、安全知识教育、安全技术教育、安全法制教育和安全纪律教育。

5. 专项安全措施

(1)季节性施工措施：在大风、大雨前后，应检查工地临时设施、脚手架、机电设备、临时线路，发现倾斜、变形、下沉、漏雨、电等现象，应及时修理加固，有严重危险的立即排除；脚手架、塔式起重机、易燃易爆仓库等应设置临时避雷装置，对机电设备的电气开关，要有防雨、防潮设施；现场道路应加强维护，斜道和脚手板应有防滑措施；夏季作业应调整作息时间，对从事高温作业的场所，应加强通风和降温措施。

(2)夜间施工保障措施：科学合理地安排施工有节奏流水组织，最大限度减少夜间强噪声作业，提前做好夜间施工计划，做好与环保部门的沟通，提前办理夜间施工作业手续，保证施工的顺利进行；施工照明与施工机械设备用电应各自采用施工线路，防止大型施工机械因偶尔超载后跳闸导致施工照明不足；结构吊装施工期间，分别在每台塔式起重机支架处安装铺灯，并保证施工作业层夜间有足够的照明；同时配备 50 架以上碘钨灯，作为零星照明不足的补充。

(3)施工现场防火措施：在结构吊装施工时，焊接量比较大，要加强看火人员；在焊点垂直下方，要清理易燃物；结构施工用的碘钨灯要架设牢固，与保温易燃物要保持 1 m 以上的距离；照明和动力用胶皮线应按规定架设，不准在易燃保温材料上乱堆乱放。

二、设备及用电安全

1. 设备使用安全

(1)本着因工程制宜，按照技术上先进、经济上合理、生产上适用、性能上可靠、使用上安全、操作方便和维修方便的原则，进行主要机械设备的选型。

(2)合理使用机械设备，正确进行操作，贯彻"人机固定"原则，实行定机、定人、定岗位责任的"三定"制度，操作人员必须认真执行各项规章制度，严格遵守操作规程，防止出现安全质量事故，尤其是预防非正常损坏，应以"五好"标准予以检查控制。

1)完成任务好：做到高效、优质、低耗和服务好。

2)技术状况好：做到机械设备经常处于完好状态，工作性能达到规定要求，机容整洁和随机工具部件及附属装置等完整、齐全。

3)使用好：认真执行以岗位责任制为主的各项制度，做到合理使用，正确操作和原始记录齐全、准确。

4)保养好：认真执行保养规程，做到精心保养，随时对机械设备做好清洁、润滑、调整、紧固、防腐等保养措施。

5)安全好：认真遵守安全操作规程和有关安全生产规定，无机械事故。

2. 塔式起重机使用安全

(1)塔式起重机运转、顶升时必须严格遵守塔式起重机安全操作规程，严禁违章作业。

(2)吊高限位器、力矩限位器必须灵活、可靠，吊钩、钢丝绳保险装置应完整、有效。零部件齐全，润滑系统正常。电缆、电线无破损或外裸，不脱钩、无松绳现象。零星、细碎物资应由不致漏出的容器盛装。起吊后，应在离地 3 m 左右高度观察吊物正常后才继续起吊，作水平转动动作，吊重之下不得站人。

(3)塔式起重机安装完毕，经有关部门验收合格后方可正式投入使用，并设立塔式起重机安全验收标牌(图 5-49)。

图 5-49　塔式起重机安全验收标牌

(4)司机应受过专业训练，熟悉机械构造和工作性能，并严格遵守安全操作规程及保养规程。起重机应指定专人进行操作，非司机人员不得操纵。司机酒后和患病时，也不得进行操作。

（5）起重机的工作环境温度为−20 ℃～+40 ℃。风速应低于6级。

（6）新制或大修出厂及塔式起重机拆卸重新组装后，均应进行试验。

（7）塔式起重机基础必须严格按设备图纸施工，塔式起重机按要求设置防雷装置，接地要符合要求。

（8）抓好对塔式起重机等大型垂直运输机械的管理，塔式起重机的安装、顶升、拆除应有方案，作业应设警戒区，坚持"十不吊"，塔式起重机不准带病作业。

（9）"三保险""四限位"必须齐全、有效。

3. 用电安全

（1）保护接地：保护零线必须使用绿黄双色线，严格与相线工作零线区别，杜绝混用。

（2）保护接零：在电源中性点直接接地的低电压力系统中，将用电设备的金属外壳与供电系统中的零线直接做电气连接，称为保护接零。保护零线每一重复接地的接地电阻值应不大于10 Ω，每月检查一次。

（3）设置漏电保护器：配置漏电保护器，总配电箱和每个开关箱至少配二级保护，漏电保护器只能通过工作线，不能通过保护线；开关箱中必须设置漏电保护器，施工现场所有用电设备，除作保护接零外，必须在设备负荷线的首端处安装漏电保护器；漏电保护器应装设在配电箱电源隔离开关的负荷侧和开关箱电源隔离开关的负荷侧，不得用于启动电器设备的操作。

（4）安全电压：施工现场地下室等潮湿部位及导电良好的地面照明电源采用36 V安全电压，施工照明、生活照明按要求设置开关箱。

（5）配电系统：设置室外总配电箱和分配电箱，实行三级配电，用电设备实行"一机、箱、闸、一漏"。进线口、出线口的箱体下部，严禁门前、门后出线。

（6）临时用电工程安装完毕后，由基层安全部门组织验收。参加人员有主管临时用电安全的领导和技术人员、施工现场主管、编制临电设计者、电工及安全员。检查内容包括配电线路、各种配电箱、开关箱、电器设备安装、设备调试、接地电阻测试记录等，并做好记录，参加人员签字。

（7）脚手架必须做防雷接地，采用直径为48 mm钢管埋入地下2 m，用16 mm² 铜导线与脚手架底座连接牢固，每月测试一次接地电阻值测试。

三、运输及吊装安全

1. 运输安全管理

（1）全面做好运输准备工作。由于城市高架、桥梁、隧道道路的限制，加之建筑预制构件尺寸不一、体形高大异形、重心不一，在吊装运输开始前，要充分做好准备工作，设计切实可行的吊装运输方案。

1）大型构件在实际运输前应踏勘运输路线，确认运输道路的承载力（含桥梁和地下设施）、宽度、转弯半径和穿越桥梁、隧道的净空与架空线路的净高满足运输要求，确认运输机械与电力架空线路的最小距离必须符合要求，路线选择应该尽量避开桥涵和闹市区，并应设计备选方案。明确运输路线后，应根据构件运输超高、超宽、超长情况及时向交通管理部门申报，经批准后，方可在指定路线和指定时间段上行驶。

2）根据大型构件特点选用预制构件专用运输车或对常规运输车进行改装，降低车辆装载重心高度并设置车辆运输稳定专用固定支架（图5-50）；图5-51所示为国外重心很低的预制构件专用运输车。

图 5-50　预制构件运输车装车待发

图 5-51　预制构件专用运输车

（2）保证运输安全的措施。

1）驾驶员在构件运输过程中一定要匀速行驶，严禁超速、猛拐和急刹车。预制构件运输车应按交通管理部门的要求悬挂安全标志，超高的部件应有专人照看其配备适当器具，保证在有障碍物情况下安全通过。

2）预制叠合板、预制阳台和预制楼梯宜采用平放运输；预制外墙板宜采用专用支架竖直靠放式运输；运输薄壁构件，应设专用固定架，采用竖立或微倾放置方式；为确保构件表面或装饰面不被损伤，放置时插筋向内、装饰面向外，与地面倾斜角度宜大于80°，以防倾覆；为防止运输过程中，车辆颠簸对构件造成损伤，构件与刚性支架应加设橡胶垫等柔性材料，且应采取防止构件移动、倾倒、变形等的固定措施。

3）构件运输时的支承点应与吊点位置在同一竖直线上，支承必须牢固；运输T形梁、工字梁、桁架梁等易倾覆的大型构件，必须用斜撑牢固地支撑在梁腹上；构件装车后应用紧线器紧固于车体上，长距离运输途中应检查紧线器的牢固状况，发现松动必须停车紧固，确认牢固后方可继续运行；搬运托架、车厢板和预制混凝土构件之间应放入柔性材料，构件应用钢丝绳或夹具与托架绑扎，构件边角与锁链接触部位的混凝土应采用柔性垫衬材料保护。

2. 吊装安全管理

（1）起重设备作业要求。吊装时，起重机应有专人指挥，指挥人员应位于起重机司机视力所及地点，并应能清楚地看到吊装的全过程，起重工指挥手势要准确无误，哨音要明亮，起重机司机要精力集中，服从指挥，并不得擅自离开工作岗位。

塔式起重机司机定期进行身体检查，凡有不适合登高作业者，不得担任司机；应该配有足够的司机，以适应"三班制"施工的需要；严禁司机带病上岗和酒后工作；非司机人员不能擅自进入驾驶室。

构件应采用垂直吊运，严禁采用斜拉、斜吊，杜绝与其他物体的碰撞或钢丝绳被拉断的事故；在吊装回转、俯仰吊臂、起落吊钩等动作前，应鸣声示意；一次宜进行一个动作，待前一动作结束后，再进行下一动作；吊运过程应平稳，不应有大幅摆动，不应突然制动。回转未停稳前，不得做反向操作，离地 3 m 暂停起升，检查安全稳妥后运转就位；起重设备不允许在斜坡道上工作，不允许起重机两边高低相差太多；起重机停止作业时，应刹住回转及行走机构。

在吊装过程中，吊起的构件不得长时间悬在空中，应采取措施将重物降落到安全位置；遇六级以上大风、暴雨、浓雾、雷暴，要停止运作。

若场地条件差土质松软，履带起重机下虽有走道板铺垫，但雨后土质会变得更松软，为防止履带起重机在行走和吊装时倾倒，现场需有其他机械配合进行再次平整、压实，避免发生事故。

塔式起重机附着要按机械说明要求，预埋铁件固定在建筑物上，应牢固、稳定。

（2）防止高空坠落。现场施工人员均应佩戴安全帽，高空作业人员应佩戴安全带，并要高挂低用，并系在安全、可靠的地方，现场作业人员穿好防滑鞋。

吊装工作区应有明显标志，并设专人警戒，非吊装现场作业人员严禁入内，起重机工作时，起重臂下严禁站人。同时，避免人员在起重机的起重臂回转半径内停留。

登高用梯子、吊装操作平台应牢靠，站在操作平台时，上面严禁站人。

吊装时，高空作业人员应站在操作平台、吊篮、梯子上作业，严禁在未加固的构件上行走；人的手脚须远离移动重物及起吊设备，吊物和吊具下不可站人。

（3）防止高空坠物伤人。高空作业人员所携带各种工具、螺栓等应在专用工具袋中放好，在高空传递物品时，应挂好安全绳，不得随便抛掷，以防伤人；吊装时不得在构件上堆放或悬挂零星对象，零星物品应用专用袋子上、下传递，严禁在高空向下抛掷物料。

构件绑扎必须牢固，起吊点应通过构件的重心位置。吊开时应平稳，避免振动或摆动，构件就位或固定前，不得解开吊装索具，以防构件坠落伤人；起吊构件时，速度不能太快，不能在高空停留太久，严禁猛升、猛降，以防构件脱落；构件安装后，应检查各构件的连接和稳定情况，当连接确定安全、可靠，方可松钩、卸索。

吊装高空对接构件时需绑好溜绳措施，控制其方向；雨天作业时，应采取必要的防滑措施，夜间作业应有充足的照明；特别指出，对于吊装时的松钩、卸索，施工人员应站在稳固、可靠的梯子上并系好安全带。

（4）防止吊装后结构的失稳。构件吊装就位后，经初校和临时固定或连接可靠后方可卸钩，待稳定后方可拆除固定工具或其他稳定装置。

长细比较大的构件，未经临时固定组成稳定单元体系前，应设溜绳或斜撑拉（撑）固。对于整体校正后符合要求的空间体系，应对所有连接螺栓进行检查，并紧固达到要求，以保证其成为一个稳定的空间刚度单元。

（5）防止触电事故。现场用电要由专门人员负责安装、维护、管理，严禁非电工人员随意拆改；现场各种电线插头、开关均设在开关箱内，停电后必须拉下电闸。

各种用电设备必须有良好的接地、接零，对于现场用手持电动工具，必须有漏电保护器，其操作者必须戴绝缘手套，穿绝缘鞋；不要站在潮湿的地方使用电动工具或设备。构件吊装时，应防止碰撞临时拉线，以防触电。

▶▶▶ 知识拓展

扫描二维码，自主学习装配式混凝土结构现场吊装与安装视频。

课后复习思考题

一、判断题

1. 装配式混凝土结构工程一般以一个单元为一个施工段，从每栋建筑中间单元开始流水施工。（　　）

2. 装卸点应在塔式起重机或起重设备的塔臂覆盖范围之内，且宜设置在道路上。（　　）

3. 对于长度大于生产线宽度同时运输也超高的竖向板，必须短边侧向翻板起模和运输，到现场则必须将板旋转90°，实现竖向吊装。（　　）

4. 考虑到临时斜撑主要承受的是水平荷载，为充分发挥其作用，对上部的斜撑，其支撑点距离板底的距离不宜小于板高的1/2。（　　）

5. PK叠合板负弯矩筋和分布钢筋的布直原则是：顺肋方向钢筋配置在上面，垂肋方向钢筋配置在下面。（　　）

6. 试吊预制楼梯板时，试起吊高度不应超过2 m。（　　）

二、简答题

1. 对于装配式结构的图纸会审重点有哪几个方面？

2. 预制墙板等竖向构件安装后，对安装位置、安装标高、垂直度、累计垂直度进行校核与调整的原则是什么？

3. 预制构件连接节点和连接接缝部位后浇混凝土施工应符合哪些规定？

4. 钢筋桁架混凝土叠合楼板安装施工的现场堆放、板底支撑与 PK 板的做法主要有哪些区别？

5. 保证预制构件运输安全的措施有哪些？

三、计算题

如图 5-52 所示，吊装重 4 t 的预制墙板，采用 6×19 钢丝绳，钢丝绳直径为 20 mm，公称抗拉强度为 1 550 MPa，钢丝绳的钢丝破断拉力 $F_g=234$ kN，吊环钢筋抗拉强度 $[f]=50$ N/mm²，吊环直径 $D=20$ mm，试验算钢丝绳和吊环的强度（钢丝绳安全系数 $K=7$）。

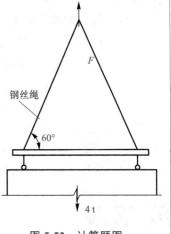

图 5-52　计算题图

参考文献

[1] 国务院办公厅 . 关于大力发展装配式建筑的指导意见[C]. 北京：国务院办公厅，2016.

[2] 中华人民共和国住房和城乡建设部 . "十三五"装配式建筑行动方案[C]. 北京：住房和城乡建设部，2017.

[3] 中华人民共和国住房和城乡建设部 . 建筑业发展"十三五"规划[C]. 北京：住房和城乡建设部，2017.

[4] 中华人民共和国住房和城乡建设部 . GB 50204—2015 混凝土结构工程施工质量验收规范[S]. 北京：中国建筑工业出版社，2015.

[5] 中华人民共和国住房和城乡建设部 . JGJ 355—2015 钢筋套筒灌浆连接应用技术规程[S]. 北京：中国建筑工业出版社，2015.

[6] 中华人民共和国住房和城乡建设部 . JGJ 1—2014 装配式混凝土结构技术规程[S]. 北京：中国建筑工业出版社，2014.

[7] 中华人民共和国住房和城乡建设部 . GB/T 51231—2016 装配式混凝土建筑技术标准[S]. 北京：中国建筑工业出版社，2017.

[8] 江苏省住房城乡建设厅 . 江苏省"十三五"建筑产业现代化发展规划[S]. 南京：江苏省住建厅，2017.

[9] 江苏省人民政府 . 关于促进建筑业改革发展的意见[S]. 南京：江苏省人民政府，2017.

[10] 中华人民共和国住房和城乡建设部 . JGJ 276—2012 建筑施工起重吊装工程安全技术规范[S]. 北京：中国建筑工业出版社，2012.

[11] 江苏省住房和城乡建设厅 . DGJ32/J 184—2016 装配式结构工程施工质量验收规程[S]. 南京：江苏省工程建设标准站，2016.

[12] 江苏省住房城乡建设厅 . 装配式混凝土结构建筑工程施工安全管理导则[S]. 南京：江苏省住房城乡建设厅，2016.

[13] 中国建筑标准设计研究院 . G310 装配式混凝土结构连接节点构造[S]. 北京：中国计划出版社，2015.

[14] 中国建筑标准设计研究院 . 15G107-1 装配式混凝土结构表示方法及示例(剪力墙结构)[S]. 北京：中国计划出版社，2015.

[15] 中国建筑标准设计研究院 . 15J 939-1 装配式混凝土结构住宅建筑设计示例(剪力墙结构)[S]. 北京：中国计划出版社，2015.

[16] 中国建筑标准设计研究院 . 15G365-1 预制混凝土剪力墙外墙板[S]. 北京：中国计划出版社，2015.

［17］中国建筑标准设计研究院 . 15G365-2 预制混凝土剪力墙内墙板［S］. 北京：中国计划出版社，2015.

［18］中国建筑标准设计研究院 . 15G366-1 桁架钢筋混凝土叠合板（60 mm 厚底板）［S］. 北京：中国计划出版社，2015.

［19］中国建筑标准设计研究院 . 15G367-1 预制钢筋混凝土板式楼梯［S］. 北京：中国计划出版社，2015.

［20］中国建筑标准设计研究院 . 15G368-1 预制钢筋混凝土阳台板、空调板及女儿墙［S］. 北京：中国计划出版社，2015.

［21］肖明和，苏洁 . 装配式建筑混凝土构件生产［M］. 北京：中国建筑工业出版社，2018.

［22］张波 . 装配式混凝土结构工程［M］. 北京：北京理工大学出版社，2016.

［23］王刚，司振民 . 装配式混凝土结构识图［M］. 北京：中国建筑工业出版社，2019.

［24］刘学应 . 建筑工业化导论［M］. 北京：清华大学出版社，2021.